为什么精英可以快速积累财富

稼ぐ人が実践している お金のPDCA

[日] 富田和成◎著 郭 勇◎译

湖南文艺出版社
HUNAN LITERATURE AND ART PUBLISHING HOUSE

博集天卷
CS-BOOKY

前 言
Preface

我有一位认识了很久的朋友，算是我的后辈，他时常找我聊天，咨询各种事情。不久前，他又来到了我的办公室。这次他和我谈的问题是：

"我想两年后创业……"

看他严肃的表情，我知道他是认真的。

其实以前我也隐隐约约知道他有独立创业的意愿，估计现在终于开始认真做创业计划了。于是，我向他提出了如下的问题：

"两年后？现在就创业不好吗？"

据他所说，他现在的年收入大约是 2000 万日元。他已经具备如此强大的赚钱能力，我觉得他两年之后再创业实在有点划不来。所以我建议他"现在就创业如何？"但是，听了我的建议后，他的态度非常犹豫。

"什么？现在就创业，有点太仓促了吧。而且资金方面也……"

　　这话令我吃了一惊，于是我问道：

　　"哎？你现在一年能赚 2000 万啊，资金应该不缺吧？"

　　"话虽这么说……"

　　"那我先请你思考一个问题，假如从下个月开始，你一毛钱收入也没有了，那你凭借以前的积蓄还可以生活多久？"

　　"嗯，这个嘛……我、太太，还有孩子，三个人生活，我想再生活一年半到两年应该问题不大。"

　　"是吧，养活一家人，最少还能正常生活一年半左右。而且，这段时间你不可能一毛钱收入都没有。也就是说，你完全可以放手去挑战一年半时间。而且，你现在的年收入是 2000 万日元，这样高的收入正是你工作能力、经验、成绩的证明。即使创业不太顺利，一年半后再找一份高薪工作应该也不困难。"

　　"这倒是，这个自信我还是有的。"

　　说到这儿，我再次鼓励他道：

　　"那为什么现在不马上创业，非要再等两年呢？"

　　"……"

　　现实中，像刚才那位朋友一样，犹豫不决、纠结不已，迟迟不敢迈出第一步的大有人在。

　　很多人身上都蕴藏着了不起的可能性，但他们的心被看不见、摸不着的不安所左右，一直徘徊在行动与不行动之间。当他们回过神来的时候，一年又一年的时间就这样白白流逝了。

他们为什么迟迟不敢迈出第一步呢？

因为他们对自己的财务状况缺乏一个整体的掌控。这样一来，人就很难对自己的能力有一个确信的把握。结果，那"看不见的不安"就常驻心中，也就相当于给自己的发展设了限。

对照著名的马斯洛需求层次论，我们就可以明白，很多朋友裹足不前其实是理所当然的事情。当想挑战新事业的时候，大多数人是受到马斯洛需求层次论中前两种需求的驱动，即第四阶段的"尊重需要"（受到他人尊重，对地位的渴望，追求名声、权力、关注等）和第五阶段的"自我实现需要"（最大限度地发挥自己的能力或潜能，完成个人成长，实现个人理想）。

反过来，如果一个人被下层的需求所支配，就很难迈出挑战的第一步。第一阶段"生理需要"，是人为了生存下去而必需的本能需求（食欲、睡眠等）。第二阶段"安全需要"，是寻求安全、安心的生活的需求（安全的住所、健康等）。

如果一个人心中"看不见的不安"来自"生理需要"或"安全需要"的话，那么他的行动就会以寻求一种温饱、安全的生活为主要目标，根本没有余力去做更上一层楼的挑战。

马斯洛需求层次理论

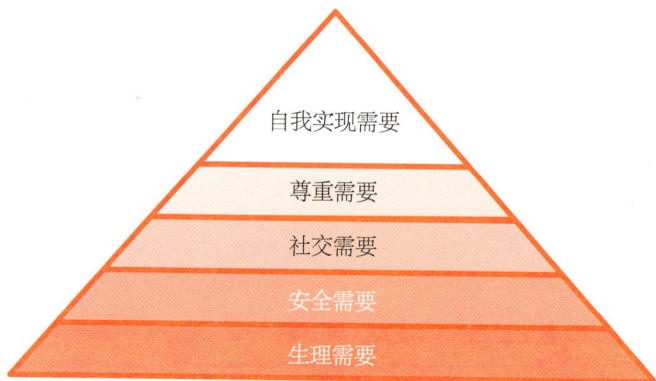

自我实现需要
尊重需要
社交需要
安全需要
生理需要

前面给大家介绍了年收入 2000 万日元的后辈犹豫不决的例子，其实，不管年收入是 3000 万日元，还是 500 万日元，在打算挑战新事业的时候心里所承担的焦虑几乎是一样的。只要无法从整体上俯瞰自己当前的财务状况，又看不清前面的路时，所有人的心中都会产生不安，尤其是想挑战新事业的时候。

为了更便于大家理解，下面我做一个比喻。

首先请您想象一个情景，您开着一辆大灯坏掉的汽车行驶在一片漆黑的山路上。前方的能见度几乎为零，在这种情况下，您心里一定会紧张得要命，不知道往前开会遇到什么情况。基本上不敢再开了。

假如，您在路上下车调整了一下车灯，结果车灯居然亮了，不过只有一点微弱的光亮，仅能照亮前方几米远的地方。这时您再开车会是怎样一种状态呢？

　　虽然心中的不安不能完全消除，但至少在确认前方几米的道路后敢往前慢慢开了。再假如，您开了一段路程后，找到一家汽车修理厂，请人把大灯修好了。那样的话，您就能照亮前方很远的距离了。

　　现在请大家把汽车的例子替换到自己身上。即使您现在无法预测10年后自己的状况，但只要能够掌握未来1～2年自己的生计，便有一边制订计划一边前行的勇气。

　　前进的过程中，最为需要的是能把前路照亮的"车灯"。而且，通过不断提高这"车灯"的亮度，便可把握越来越远的未来状态，从而阔步向前，最终一定能够到达自己理想的目的地。

　　在现实生活中，能够帮我们"照亮前路的'车灯'"是什么呢？我认为，利润表（P/L: Profit and Loss Statement）和资产负债表（B/S: Balance Sheet）是人生的终极"车灯"。

利用个人的利润表和资产负债表可以做的事情

为了挑战梦想和目标

利润表（P/L）　和　资产负债表（B/S）

就是照亮前路的"车灯"

将金钱（资产）可视化
利用PDCA
掌握终生赚钱的本领

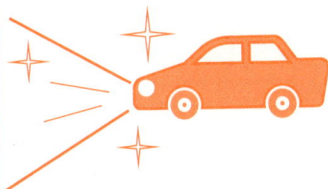

通常情况下，一听到利润表（P/L）和资产负债表（B/S），估计很多人首先想到的是企业或组织的财务报表。企业或组织的财务报表是为了把握企业或组织的财务状况。

大多数人可能不知道，如果把这些财务报表应用于个人的资产管理，也能得到极大的好处。再有，在使用利润表（P/L）和资产负债表（B/S）管理个人资产的基础上，如果还能不断践行 PDCA（Plan 计划、Do 执行、Check 检查、Adjust 调整）的话，我们就可以掌握终生赚钱的本领了。

本书将为大家介绍掌握这种本领的方法。

我第一次接触到利用利润表（P/L）和资产负债表（B/S）管理个人资产，是在 2012 年公司派我去新加坡的商学院学习的时候。在商学院学习的过程中，学校组织我们前往瑞士参观考察了世界第二大私人财富资产管理者瑞士联合银行集团（UBS）。就是在那里，我第一次知道了，不仅企业或组织需要利润表（P/L）和资产负债表（B/S）等财务报表，这些财务报表还可以用于个人资产管理。

富裕阶层通过资产负债表（B/S）将自己的资产可视化。

所谓私人银行，就是帮助富裕阶层或企业主（其中不乏世界级大富豪）管理个人资产的金融机构。私人银行的客户层，就是本书书名中"精英"的典型代表。我所说的"精英"是指赚钱能力很强的人。

顺便介绍一下，私人银行家并不仅仅和已经成为富人的富裕阶层打交道。他们还会寻找那些未来可能成为富裕阶层的人，还有将来可能 IPO（首次公开募股）的企业主，以及资产规模可能变得很大的"潜力"商务人士和医生。这些人在私人银行家眼中属于"潜在富裕阶层"，私人银行会在若干年前就锁定这样的人群，和他们建立联系。

私人银行家的特长就是发掘那些"赚钱能力"极强的人。他们是通过什么筛选潜在客户的呢？就是根据个人的利润表（P/L）和资产负债表（B/S）。

对企业来说，利润表（P/L）和资产负债表（B/S）可以将企业的一切可视化，让经营变得有迹可循。对个人来说，这些财务报表同样是可以照亮前路的"车灯"。

再来讲讲 PDCA。简单地说，就是确定自己前进的方向（Plan），大步向前（Do），前进过程中进行检查（Check），然后对路线和方法进行调整（Adjust），让方向变得更加明确。在个人资产管理方面，PDCA 也不失为一种高效的手段。原因是 PDCA 能够更加明晰地显示金钱数额，从而使管理更加高效。很多企业，尤其是重视数字的经营部门，在导入 PDCA 管理方法之后，业绩会得到大幅提升。放在个人资产管理领域，PDCA 同样能够起到极大的效果。

另外，在股票投资领域，PDCA 的效果同样不可小视。

"在那个时间点，我一着急就买了"→"下次我不会着急买股票了，我会先考虑一下时机"→"我给自己制定了一个买股票的规则：当我想买的时候，会先让自己冷静一晚再说"。

"持有的股票已经跌了太多，不可能再涨回买入时的价格了"→"严格执行 10% 法则，持有股票跌了 10%，马上卖出止损"。

像这样，对计划（Plan）进行调整，就有更大的概率获得成功。

为了实现人生的梦想、目标，金钱是一个非常重要的帮手。但是很多人缺乏赚取金钱的能力。如今，在类似闲鱼（二手物品交易软件）之类的二手市场和共享经济等新经济规则方兴未艾的时代，再用"我该如何存够养老金"的传统观点来看待社会，肯定难以看清未来的形势。我们应该把利润表（P/L）和资产负债表（B/S）当作指路明灯，借此掌握自己的资产，这样一来，任何人都能成功挑战自己的梦想，去实现人生的目标。

本来很想挑战新事物，可因为对未来的不安而裹足不前，甚至就此放弃，世间还有比这更令人后悔的事情吗？如果有一盏能够照亮前路的明灯，那么我们便可以放心大胆地迈出前进的步伐。我衷心希望这本书能够成为您人生旅途中的指路明灯。

富田和成

目录
Contents

1.

第1章
金钱 PDCA 是消除"不安"的指路明灯

2.

第2章
让"金钱PDCA"急速运转起来

3.

第 3 章

时间可以用金钱买——时间资本

4. 第4章
把自己当作赚钱的"资本"——人力资本

5.

第 5 章

让"钱生钱"的赚钱能力——金融资本

第 1 章

金钱 PDCA
是消除"不安"的
指路明灯

我们必须消除内心与金钱有关的不安和焦虑。不能让金钱控制我们，而要变成金钱的主人去控制它。如果能做到这一点，那心中的焦虑和不安就会一扫而光。

▶ 当"自我公司"的CFO（首席财务官或财务总监）

遇到想改善自己财务状况的朋友，我经常会对他们说："把自己当作'自我公司'的董事长或者CFO，然后站在这样的高度思考问题、采取行动。"我希望大家把自己看作一个公司，公司的财务管理方法也适用于个人。

通常情况下，一提到公司、法人，大家头脑中可能最先联想到的是一个庞大的组织。但实际上，"法人"这个词表面上的意思就告诉我们，一个公司、企业也是有"人格"的。换句话说，公司的性质和"个人"有很多相似之处。

可是，当人以"个人"的形式想挑战某个目标、梦想、愿景的时候，就会像"前言"中介绍的那个例子中的朋友一样，迟迟难以迈出第一步，总是犹豫不决、裹足不前。

造成这种情况的原因，我认为多半还是钱的问题。在我接触到的案例中，无法勇敢迈出第一步的情况，在那些已婚人士，尤其是已经有了孩子的朋友身上更为突出。他们思考的问题，基本上都一样。

（假如挑战不顺利的话，钱败光了，到时我怎么养家糊口啊？）

对于没钱的焦虑，从根本上削弱了人的"挑战之心"。

结果会发生什么呢？

那些在20岁刚出头，曾经信誓旦旦"将来一定要创业"的朋友，到了30多岁娶妻生子，有了温暖的家庭，就会把当初的激情"收敛"起来，按部就班地完成当前的工作，努力做一个好丈夫、好爸爸。现实中那些"顾家"的朋友，一定更能理解这种感受。

而且，到了这个时候，不仅像"创业"这样的大梦想被"束之高阁"，就连想去哪里旅行的小梦想，也会因为"担心要花很多钱"而不敢付诸行动。结果，**人生的选项受到极大的束缚，越来越少，路越走越窄**。

当我们想把自己描绘的梦想或设定的目标变成现实的时候，如果受到"金钱"的制约，那就太可惜了。世间没有比这更划不来的事情了。

为了避免这种情况的发生，我们必须消除内心与金钱有关的不安和焦虑。不能让金钱控制我们，而要变成金钱的主人去控制它。如果能做到这一点，那心中的焦虑和不安就会一扫而光。

但是我说的控制金钱，并不是让大家"去赚更多的钱"。即使是有限的金钱，我们也可以好好把握，发挥其最大的作用。

一个公司，在完成一个大项目的时候，也会从第一个小计划开始实施。我们实现梦想的第一个小计划，就是消除对金钱的不安。只要达成了这个小计划，后面就会越来越顺利。

▶ 《世界上唯一的花》的时代象征

"梦想·目标"与"金钱·时间"的关系

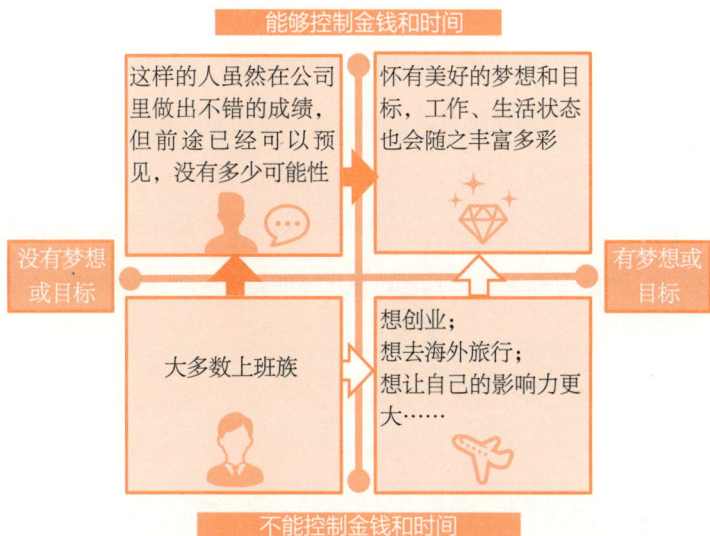

能够控制金钱和时间

这样的人虽然在公司里做出不错的成绩，但前途已经可以预见，没有多少可能性	怀有美好的梦想和目标，工作、生活状态也会随之丰富多彩
大多数上班族	想创业；想去海外旅行；想让自己的影响力更大……

没有梦想或目标

有梦想或目标

不能控制金钱和时间

> 如果对金钱和时间心怀不安和焦虑，那么梦想、目标的选择面就会很窄。

　　在前一小节中，我建议大家把自己当作"自我公司"的董事长、首席财务官，用经营管理一家企业的感觉来规划自己的人生。这一小节，我来讲讲这样做的理由。

在泡沫经济崩溃之前的日本，我想很多人生活、工作的目标都是"争第一"。当时，学历至上主义在日本社会横行，典型的例子就是"三高"是那时的流行语。所谓"三高"是指学历高、收入高、个子高。出生于20世纪80年代的我，并没有使用过这个流行语。

想象一下当时的日本社会，大多数人对于幸福的定义，估计已经固化在一个狭小的范围之内了。简单地说，就是"考进好的大学，毕业后进上市公司工作，然后结婚、买房置地"这样的模式。

当然，不可否认的是现在依然存在学历至上主义，"三高"也在某些人群中备受追捧。肯定也有人认为"大学→找好工作→结婚→买房"这个标准化流程是幸福的终极形式。我并不是说这种思想不好，但在当今社会，这种思想已经不如泡沫经济崩溃前那么流行了。

这个转变过程，我在接受学校教育的过程中就已经感觉到了。比如，我上小学的时候，原本每周休息一天变成了每周休息两天。学校的授课内容也开始重视发展学生的个性。换句话说，这说明日本社会、学校开始尊重人的个性了。

但是，在这个改变的过程中，也伴随着不幸。

2003年，日本著名乐队SMAP有一首歌——《世界上唯一的花》成为热门曲目，一度非常流行。那首歌可以说是当时那个时代的一个重要象征。歌词所传达的中心思想是"你是这个世界上独一无二的存在，所以没有必要去争第一"。

这首歌曲的流行说明"不争第一"的价值观引起了日本民众的普遍共鸣。到 20 世纪 90 年代后期为止，日本民众的普遍价值观还是"争第一"，而到了 21 世纪初，日本人已经不想再去"争第一"，可以说时代已经发生了巨大改变。

可是，每个人要想活得"独一无二"，就需要他们自己去探寻、找到自己的人生目标。能够找到自己人生目标的人，可以在这样的时代中活得如鱼得水；但对那些无法找到自己人生目标的人来说，就没办法活得那么轻松了。

拥有明确目标的人，可以朝着目标勇往直前。但没有明确目标的人，就会陷入迷茫之中，在原地打转，甚至犹如走入迷宫，不知自己身在何处。越来越多的人发现，自己虽然按照原来的步调，获得了高收入，买了房子，但无形中感到自己离心中的幸福人生越来越远。

要是放在以前，能在上市大企业工作，收入又高，就能获得周围人的认可，仅仅如此，人或许就能感到满足和幸福。但是，到了如今，价值观和工作方式变得多种多样，还像以前那样拥有稳定的工作和高收入，已经难以获得世人的充分认可，人的内心也就无法获得满足和幸福。

总而言之，时代已经发生巨变。

所以，为了在新时代中获得幸福，我建议大家把自己的人生看作一个企业，我为其取名为"自我公司"，然后站在企业经营者的立场上，为自己独一无二的人生设定独一无二的目标，并将身边的环境调整到可以随时应对挑战的状态。

其实，调整出这样的状态，是有捷径的。那便是把利润表（P/L）和资产负债表（B/S）的概念引入"自我公司"，通过这两个报表，把握自己身边的状况。这样一来，您无疑可以打消对金钱的不安和焦虑。

▶ 利润表（P/L）和资产负债表（B/S）是终极"车灯"

"前言"中我已经讲过，利润表（P/L）和资产负债表（B/S）是在现实世界中照亮我们前行道路的终极"车灯"。

本书并不是会计专业书籍，所以不会为大家详细讲述这两种会计报表。但对于不太熟悉会计知识的朋友，我简要介绍一下利润表（P/L）和资产负债表（B/S）的基本知识，以帮助您理解本书的内容。

P/L 是 Profit and Loss Statement 的缩写。如第 10 页图中所显示的那样，是记录公司的销售额、采购成本等项目的财务报表。看到这张报表，公司一年间的经营业绩便可一目了然。

销售额、利息收入等属于"收入"，而采购费用等各种支出属于"费用"。用公司一年间所有经营所得的收入减去该年度所有花费的费用，就可以求得该年度的利润。利润表原本的目的就是用来计算利润。简单来说，收入 – 费用 = 利润（赚的钱），从总销售额中减去营业费用、税金等所有费用，所得到的利润，就是"当期净利润"。

B/S 是 Balance Sheet 的缩写。如第 11 页图中所示，资产负债表由三部分构成，分别是企业拥有的全部"资产"、全部"负债"和"净资产"（资本）。资产负债表可以清楚地反映一个企业的财务状况。图中左侧的"资产"与右侧"负债""净资产"的合计金额相等（达到平衡），所以英语中将资产负债表叫作"平衡表（Balance Sheet）"。

简单的利润表（P/L）和资产负债表（B/S）

P/L 利润表

销售额
− 成本
（1）主营业务收入
− 主营业务成本
（2）主营业务利润
+ 其他业务利润
− 经营管理费用
（3）营业利润
+ 特殊利润
− 特殊损失
（4）税前当期净利润
− 所得税等
（5）当期净利润

收入
• 销售额
• 其他业务利润
• 特殊利润
费用
• 成本
• 销售管理费
• 经营管理费用
• 特殊损失
• 所得税等

B/S 资产负债表

（1）资产部分		（2）负债部分	
流动资产	现金、存款	流动负债	应付货款
	应收货款		短期借款
	商品		预收款
	垫付款	固定负债	长期借款
		（3）净资产部分	
固定资产	有形固定资产（房产等）	净资产	资本金
			留存收益
	无形固定资产（软件等）		└ 转结留存收益
资产合计	左右合计一致	资产合计	左右合计一致

在资产负债表的图示中，左侧是企业拥有的资产。通过这一部分，我们可以了解企业把钱花在了哪里，购置了哪些资产。不仅包括现金和存款，还包含建筑物、土地、机械、有价证券等。

资产负债表的右侧，是资金的出处。显示的是资金从何筹措而来。

负债也叫"他人资本"，包括银行的贷款、需要支付给别人的应付货款、应付票据等。

另外，净资产分为"资本金"和"留存收益"。资本金是指公司创立之时，股东们所出的资金。留存收益则是指公司到目前为止赚取的利润减去税金的剩余金额。也就是说，留存收益显示的是利润表（P/L）中的"当期净利润"的累计额，每年的利润额越大，公司的资产也就越雄厚。

前面就是关于利润表（P/L）和资产负债表（B/S）的一些基本知识。但我要提醒大家一点，有一个思维方式非常重要，那就是把两个财务报表联系起来看。利润表（P/L）中的利润越高，资产负债表（B/S）中的资产就越雄厚。另外，如果资产负债表（B/S）中的资产（现金、设备、有价证券等）越殷实，同时又能灵活运用这部分资产，就可以让利润表（P/L）中的利润更多。

在大多数人看来，利润表（P/L）和资产负债表（B/S）是企业的财务报表，和个人没什么关系。但在我眼中，利润表（P/L）和资产负债表（B/S）同样可以帮助个人把握自己的财务状况和工作业绩，并能帮助我们极大地改变现实。

利润表（P/L）和资产负债表（B/S）的概念，原本是在企业财务管理的过程中诞生的。

但是，如果能够理解企业和个人都拥有"人格"这一点，那么，**在个人财务管理中，同样可以引入利润表（P/L）和资产负债表（B/S）的概念**。

对一个企业来说，他们的目的是获取利润，同时肩负着为社会做贡献的社会责任。"企业目标""企业理念"之类的词，相信上班族朋友都早已耳熟能详了。这是企业的头等大事和前进指针，人们是围绕"企业目标""企业理念"展开经济活动的。

实际上，我们每个人不都是怀抱着某个指针生活的吗？

个人的指针，不就是所谓的"人生目标""愿景""梦想"？这就相当于企业的目标、理念。

由此可见，从根源上看，企业和个人是十分相似的。

❧ 把握现金流的"个人版利润表（P/L）"

消除内心对金钱的不安和焦虑，就靠利润表（P/L）和资产负债表（B/S）。但要想把这个概念引入"自我公司"，并加以灵活运用的话，前提是必须对这两个财务报表有充分的理解。**要想控制自己的金钱，必须控制个人的利润表（P/L）和资产负债表（B/S）**。再进一步讲，就是要控制"人力资本""金融资本""时间资本"和"固定资本"这四种资本。

后面我将依次为读者朋友分析上述四种资本，在这里我还想再多讲几句有关利润表（P/L）和资产负债表（B/S）的知识。

为控制自己的金钱，先了解四种资本

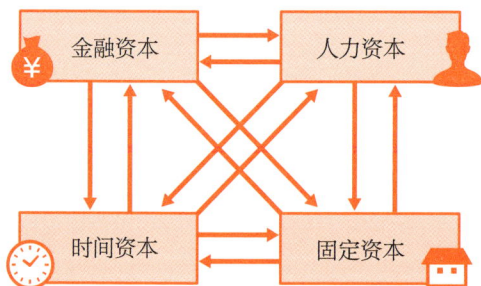

首先讲的是个人版的利润表（P/L）。第16页的图，就是典型的个人版的利润表（P/L）样本。在这个利润表（P/L）中，我们可以看到自己在一定时期内的赚钱能力（销售额/收入）、把钱花在了哪里（费用），以及剩了多少钱（利润/储蓄）。在第14页的图中，我们可以形象地看到现金的流动情况。对大多数人来说，时间可以定为"1个月"或者"1年"。

在我们个人版的利润表（P/L）中，收益部分通常来自薪水、奖金，另外还包括利息收入、有价证券的红利、不动产收益等。股票、信托投资等有价证券、不动产等，在资产负债表（B/S）中属于资产类。

特殊利润也属于收益，主要包括有价证券、不动产升值的部分。如果您工作的公司允许您在业余时间做其他副业的话，那么副业收入也应该计入收益中。

另外，对个人来说，费用主要指与基本生活有关的支出。比如，衣食住行的费用、社交费用、保险金、教育经费等支出。在利润表（P/L）中，税金也属于费用。如果在资产买卖中出现损失（如买卖股票、房产等的损失）也要计入费用。

把个人的所有收益、费用都列出来，然后用收益减去费用，就得到了储蓄（对企业而言就是纯利润）。

个人版的利润表（P/L）和资产负债表（B/S）

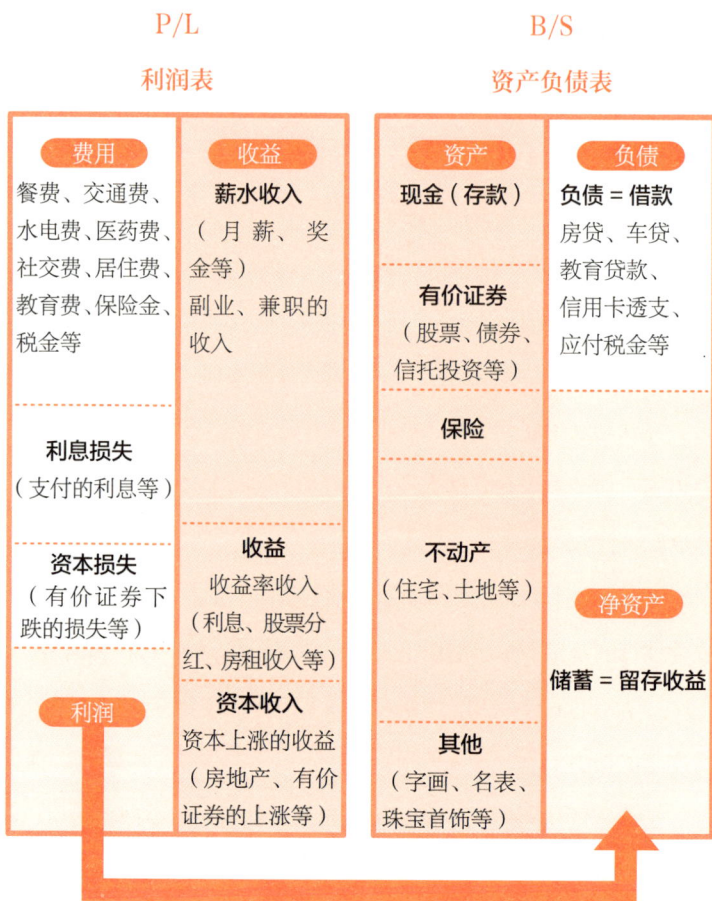

P/L   B/S

利润表   资产负债表

费用	收益	资产	负债
餐费、交通费、水电费、医药费、社交费、居住费、教育费、保险金、税金等	**薪水收入**（月薪、奖金等） 副业、兼职的收入	**现金（存款）** **有价证券**（股票、债券、信托投资等） **保险**	**负债＝借款** 房贷、车贷、教育贷款、信用卡透支、应付税金等
利息损失（支付的利息等）			
资本损失（有价证券下跌的损失等）	**收益** 收益率收入（利息、股票分红、房租收入等）	**不动产**（住宅、土地等）	**净资产** **储蓄＝留存收益**
利润	**资本收入** 资本上涨的收益（房地产、有价证券的上涨等）	**其他**（字画、名表、珠宝首饰等）	

⚕ 把握个人资产的"资产负债表（B/S）"

接下来给大家介绍个人版的资产负债表（B/S）。第 16 页有个人版资产负债表（B/S）的样本，大家可以参照表格阅读本小节。

对应企业资产负债表（B/S）中的总资产，个人版资产负债表（B/S）中的总资产包括现金（存款）、有价证券（股票、信托投资、债券等）、保险、不动产（住宅、商铺、土地等）。如果将来有一天您创业了，您所拥有的创业公司的股票，也应计入个人资产之中。

另外，如果您有汽车的话，那么这辆汽车当前在二手汽车市场的估价也应计入资产。名人字画、珠宝首饰、名牌奢侈品等可以变现的物品，也应按照市场价格计入资产。

接下来我们再看资产负债表（B/S）的右侧，这一部分计入的是您的负债和净资产。

负债主要包括购买不动产、汽车及其他商品的贷款未偿还额，如果您是贷款上学，那么学费贷款也算作负债。另外，信用卡透支的钱、未缴税金等，也应计入负债。

净资产的金额，相当于利润表（P/L）中积累的利润。在企业中，这一部分应该作为留存收益计入资产负债表（B/S）。如第 16 页图中下方箭头所显示的那样，利润表（P/L）中的利润如果为正数，应将其加入净资产；如果利润为负数，则应从净资产中减去（遇到这种情况，应该从总资产的现金中减去负数利润，以保持左右平衡）。

如果是自己在制作利润表（P/L）之前就拥有的财产，以及别人赠予或继承来的财产，就不能计入留存收益。这样的资产，在企业中归入资本金或资本准备金。

前面讲过，资产负债表（B/S）是一个平衡表，资产＝负债＋净资产。

也就是说，个人版资产负债表（B/S）总结整理的是自己构筑了多少价值的财产（总资产），向银行或别人借了多少钱（负债）。用总资产减去负债，就得到纯粹属于自己的资产（净资产）。由此可见，资产负债表（B/S）可以帮助我们掌握个人的资产状况。

赚钱的基础"人力资本"

利润表（P/L）和资产负债表（B/S）有着密不可分的关系。通过改善资产负债表（B/S），利润表（P/L）中的数字也会得到改善。而且，利润表（P/L）中的利润，会积累到资产负债表（B/S）的"留存收益"中。这样一来，两个报表就会进入彼此促进、良性循环的状态。

利润表（P/L）和资产负债表（B/S）存在不可分割的联系

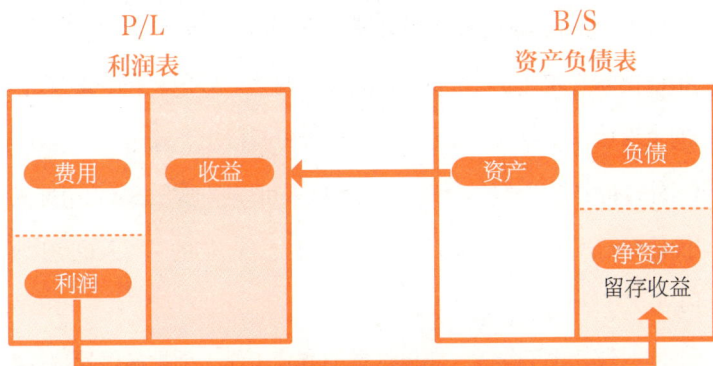

P/L
利润表

B/S
资产负债表

费用　收益　资产　负债

利润　净资产　留存收益

利润表（P/L）和资产负债表（B/S）相互促进，改善一方，另一方也会随之改善

但是，还有一个重要的因素我们不能忽视，那便是"人生 100 年"，也就是人本身。**人本身也是一种资本——人力资本**。

人力资本主要包含以下几种无形资产：

- **知识、技能（包括金融知识、技能等）**
- **健康**
- **人脉（人际关系网）**
- **信用**

举例来说，一个人如果掌握了高级的知识和技能，就可以从事高级的工作，结果，收入也会相应增加。

假设一个人想在未来的某个时间拥有 1 亿日元的资产，那么他要考虑的是靠薪水来积累这笔资产，还是靠有价证券、不动产来积累这笔财富，抑或是两者同时考虑。

在当今的日本社会，从事副业或兼职的禁令逐渐解除，未来，从事自由职业或独立创业的人也将越来越多。以前，在一家公司工作的上班族，年收入要想达到 1000 万日元以上，除了一些特殊行业之外，是非常困难的。但如今，有些人可以同时给三家公司打工，即使他在一家公司的年薪只有 400 万日元，一年的总收入也可以达到 1200 万日元。

同时做几份工作——想以这样的方式工作，前提条件就是具备优秀的"人力资本"。而人力资本正是赚钱的基础。

对人力资本进行投资，将使利润表（P/L）和资产负债表（B/S）变得更充实

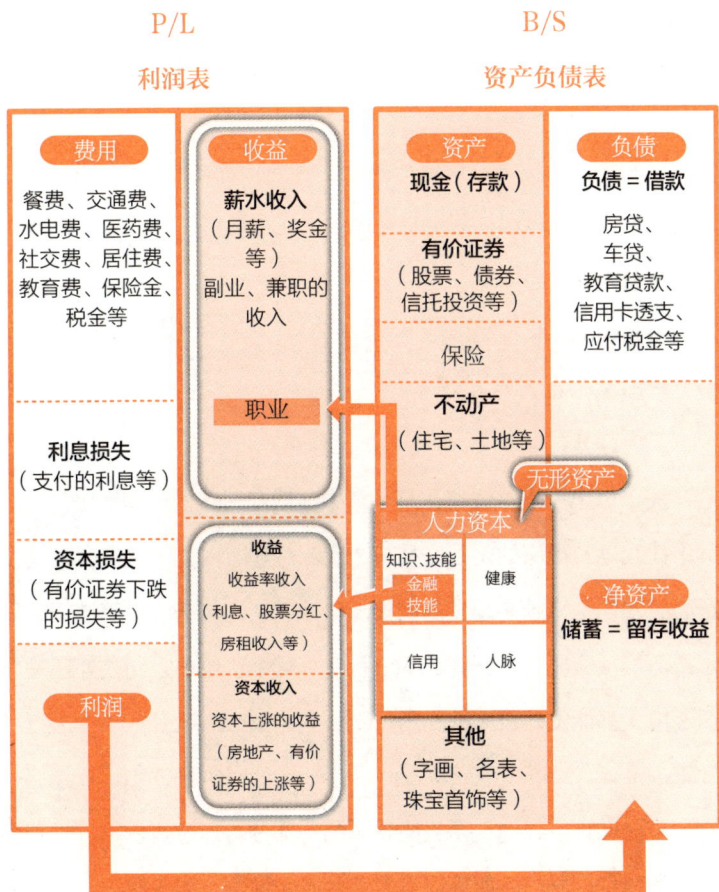

P/L 利润表

B/S 资产负债表

费用	收益
餐费、交通费、水电费、医药费、社交费、居住费、教育费、保险金、税金等	**薪水收入**（月薪、奖金等）副业、兼职的收入
	职业
利息损失（支付的利息等）	**收益**收益率收入（利息、股票分红、房租收入等）
资本损失（有价证券下跌的损失等）	**资本收入**资本上涨的收益（房地产、有价证券的上涨等）
利润	

资产	负债
现金（存款）	**负债＝借款**
有价证券（股票、债券、信托投资等）	房贷、车贷、教育贷款、信用卡透支、应付税金等
保险	
不动产（住宅、土地等）	
无形资产	
人力资本	**净资产**
知识、技能 金融技能 / 健康 / 信用 / 人脉	**储蓄＝留存收益**
其他（字画、名表、珠宝首饰等）	

❥ 投资回报率最大的三个"人力资本"

"对于人力资本的投资，哪些投资回报率最大呢？"当有人向我询问这样的问题时，我会从知识、技能中选出以下三项回答他：

- 社交技巧
- 金融知识、技能
- PDCA 能力

关于以上三点，我将在第 4 章中为读者朋友们详细讲解，不过其中让我感触最深的是社交技巧。我深感随着时间的流逝，社交技巧会给我们带来越来越多的回报。口才、谈判技巧、讲解技巧、展示技巧等社交能力，不管在哪个行业、哪个职位、公司之外还是公司之内，都能发挥极大的作用。如果掌握了这些社交本领，在任何行业、领域、公司都可通用，上司、前辈也会对您刮目相看。

金融知识、技能也是人力资本的一部分。通过投资，可以获得可观的利息、分红，如果能靠专业的眼光挑选、买入有升值潜力的股票、不动产，还能赚取更多的财富。

所谓 PDCA 能力，是商务环境日新月异的当今社会尤其看重的一种能力。PDCA 作为软实力之源，能帮助我们快速成长，不仅对公司，而且对个人也可以说是一项最强的能力。PDCA 是人"持续前进的一种模式"，如果能让 PDCA 快速循环起来，人可以以惊人的速度做出卓越的成果。

下面再为大家简要介绍一下人力资本的其他方面。

在商务工作中，如果在各个领域、各个公司都有朋友，那么这个人脉网络将为我们的工作带来直接的好处。所以，人脉也是重要的人力资本。

健康也是人力资本的重要因素。

有句俗话说得好："身体是革命的本钱。"好不容易奋斗到的好工作、好职位，如果因为生病不得不离职，那就太可惜了。而且，如果身体不好，三天两头请假休养，那任何工作也无法顺利开展啊。由此可见，身体健康是一切的根本。

另外，人力资本中还有一项容易被忽视的要素，那便是"信用"，"信用"也可以换种说法叫作"品牌力"。**如果一个人的信用好，就可以贷款进行投资经营，从而发挥杠杆作用**。举例来说，当今日本广告界、设计界的风云人物佐藤可士和先生，他虽然开展个人工作，但接到的订单金额经常过亿。还有，数年前，日本脑科学专家茂木健一郎先生曾经被爆出漏税过亿日元的丑闻。当然，他漏税是违法的，但从其漏税金额我们就可以推测出，他个人一年至少能赚好几亿日元。这都是他们人力资本中"信用"很高的证明。（当然，漏税不但违法还将摧毁个人形象和信用。）

不仅仅佐藤可士和先生和茂木健一郎先生，还有那些活跃在各种媒体上的名人，个人品牌力也很高。他们即使单枪匹马地工作，也可以吸引大量的金钱和客流量。有影响力的"网红"也是如此。

今后的时代，将是考验个人人力资本的时代。

▶ 即将进入"人力资本"数值化的时代

为了使个人的利润表（P/L）和资产负债表（B/S）可控（或者叫可管理），首先要让两个报表中的主要构成项目可控，同时也要管理好个人的"人力资本"。

换种说法就是，同时考虑"自己工作／赚钱（人力资本）"和"让钱工作／赚钱（金融资本）"，而且，让上述两种资本都处于可控的状态，是最理想的。

如今的时代，所有事物都逐渐被数值化，企业、个人的资产负债表（B/S）也变得可视化。现在已经有这个倾向，今后这个潮流只会越来越强。

在时代的潮流中，人力资本也不能独善其身，也必将被数值化。一个人，拥有什么水平的知识和技能，他的品牌力价值几何，他有什么样的人际关系网，都将被用数字表现出来。在这里我举个简单易懂的例子，在微博上，一个人的粉丝有多少，就可以直观地反映出他的影响力。

实际上，美国现在就有一个"Human Capital"的概念，直译过来就是"人力资本"的意思。这个概念被应用于企业的人力资源管理中，在判断一个人的才能时，企业的 HR 会把这个人当作一项资本，预测其未来能给企业带来多少收益。另外，"Human Capital"的概念还被金融机构用于判断一个人的授信额度。简单地说，就是根据一个人的知识、技能，以及他的出生地、学历、工作经历、性格、健康状况、工作年限、人际关系、思想，甚至在社交媒体上的活跃情况等方方面面的参数来推算这个人日后可能创造的价值。

在这样的发展潮流中，相信**今后个人的人力资本将进一步"数值化"或者叫"可视化"，人力资本数值的提升，将意味着这个人能创造更多的财富**。也就是说，人力资本的杠杆作用将备受重视。

▶ "人力资本"和"商誉"的关系

经过前面的学习，我想您已经大体了解了利润表（P/L）和资产负债表（B/S）的基本原理。

不过，这时出现一个问题。

假设，您想去海外名牌大学考取 MBA。那么，这笔留学费用应该计入利润表（P/L）还是资产负债表（B/S）？该计入哪个项目呢？

对于留学产生的费用，很多人容易产生误解，认为应该把这笔支出计入利润表（P/L）中的费用。但实际上，这种判断是不正确的。

我们假设，去海外留学获得 MBA 学位，两年间总共需要花费 1500 万日元。这里面包含了机票、生活费等所有支出。

从利润表（P/L）的角度来看，第一年需要一次性缴纳学费、机票等，需要 1000 万日元，看似这是一笔费用。为了支付这笔钱，我们可以从自己的净资产中支出，使净资产减少；也可以贷款支付，增加负债。

从表面上看，支付这笔钱会给我们带来很大的损失，要么使净资产减少，要么使负债增加，所以会给很多有留学意愿的人带来不安。但是我告诉您，没有必要这样理解这个事情。

我们用企业购买电脑软件为例来类比学习 MBA 所花的钱，相信您就容易理解了。

当企业购买软件的时候，会把这笔支出计入资产负债表（B/S）的资产中。日本的《税法》允许企业在购入资产后，用 10 年的时间进行折旧。

也就是说，加入购入的软件资产价值 500 万日元，那么企业就可以分 10 年，每年在利润表（P/L）的损失部分计入 50 万日元。重点在于，不会在购入软件资产的第一年，就一次性计入 500 万日元的损失。

这种会计方法，也适用于个人考取 MBA 学位的支出。

通过学习、考取 MBA 学位，我们在知识、技能、能力方面都会有大幅提升，这就相当于企业购买软件，在会计上，我们可以在未来一段时期对这一资产进行折旧处理。获取 MBA 学位，第一年我们实际支出 1000 万日元，第二年实际支出 500 万日元，但如果我们设定对这项资产进行 10 年折旧，那么在利润表（P/L）中，每一年的折旧费用就只有 150 万日元。

而且，对个人版利润表（P/L）来说，完全不受《税法》的限制，不存在折旧年限。所以我们可以设定用 30 年时间来对这项资产进行折旧。那么，在利润表（P/L）中每年只需计入 50 万日元的折旧费用即可。

实际上，当我们留学归来，获得海外名牌大学的MBA学位之后，再就业的时候，大多数情况下利润表（P/L）中薪水和奖金的项目会大幅提高。所以，虽然这两年我们实际支出了很多钱，但日后通过摊薄折旧费用、提高收入的手段，有很大概率让利润得到提高。

很多打算创业的人会加入一些"创业者俱乐部"，里面都是拥有梦想、热情、能力的"创业潜在力量"。这是拓宽人际关系的一个好办法，对于日后创业会有很大好处。但是，这样的创业者俱乐部每年都会组织会员去海外进行访学、考察，而且费用不菲。这笔费用，也和考取MBA学位的支出一样，**属于在未来能给自己带来更多收益的投资，不应一次性将其计入费用，应将其计入资产项目，然后再用数年时间进行折旧处理。**

但是，也有一些情况需要事后将其一次性计入损失。

"商誉"这个术语也许有点专业，我简单地给大家介绍一下。当企业进行并购（M&A）的时候，会涉及"商誉"这个概念。

企业所拥有的信用、品牌价值、技术、人才的质量、软件，以及经营管理经验、销售网络等无形资产，就是所谓的"商誉"。在资产负债表（B/S）中，"商誉"所包含的内容会被计入无形资产。我认为，企业"商誉"这个概念，在个人版资产负债表（B/S）中，就相当于"人力资本"。

但是，数年后，当"商誉"的累积折旧完成后，当判断它并没有当初估计的价值那么大时（拿个人来说，比如事业没有按计划顺利进展时），就需要对"商誉"的价值进行修正，而且是向下方修正。这叫作"商誉减损"，向下方修正的数值需要一次性计入费用。

　　个人的"人力资本"和企业的"商誉"一样，其价值也有可能上下起伏，这一点需要大家铭记在心。

▶ "眼前的回报" vs "暂时的赤字"

读了前面的内容，如果您已经掌握了看待个人资产的思维方式，那么相信您对金钱的看法也会为之一新。

具体来说，利润表（P/L）收益部分的"薪水收入"的短期提高，不应该是我们过度关注的对象。我们应该把目光放在能给我们带来长期收益的资产（人力资本）上。正如我前面举的例子，考取MBA学位、考取律师资格证等。

养成这样的思维方式后，我们就敢于积极地投资资产负债表（B/S）中的人力资本，同时认识到，个人版利润表（P/L）中的数字反映的只不过是每一年度的结果，当前的数字本身并不那么重要。这也是个人和企业的一个差异之处，企业追求每年都能盈利，而个人更应该看重未来的长期收益。

不过，新创业的企业有所不同。创立之初的企业，为了未来获得收益，当前可能会吸引风险投资，以培养资产负债表（B/S）上难以体现出来的技术、人才、客户数量等无形资产。所以，创业之初的几年可能都会处于赤字（亏损）运营状态。所以，那些愿意投资人力资本的个人，和初创企业的思维模式很像。

假设我们想方设法降低利润表（P/L）中的费用，让利润部分达到 1000 万日元。虽然有这么多利润，但这只不过是短期内收益与费用的差额罢了，并不能反映我们赚钱的能力，也不是长期稳定的利润，这笔钱花了，就没有了。

但是，哪怕让利润表（P/L）短期内出现赤字，只要能让资产负债表（B/S）中资产（包括能力等）部分变得殷实，以后就可能**获得长期稳定的收益，结果，也会使利润表（P/L）中的利润数字增加**；资产负债表（B/S）中的净资产也随之不断积累增多。

这一点非常重要。请大家牢记，使利润表（P/L）中的收益最大化，只不过是通向最终目标的道路中的一个"经由地点"，换句话说，利润表（P/L）中的收益只是一个中间 KPI（关键绩效指标）。

KPI（Key Performance Indicator），译作关键绩效指标，我把它解释成"成果指标"可能大家更好理解。在我们朝着既定的终极目标前进的过程中，KPI 是帮我们客观检验当前所取得成果的一个指标，可以帮我们把握当前所处的位置、状况。我们也可以把 KPI 当作为实现终极目标而设定的"辅助目标"。

如果您想赚更多的钱，那么**首先应该将未来某个时间点资产负债表（B/S）中净资产的增加放在最优先位置来考虑，然后再考虑到那个时间点之前该如何增加每年利润表（P/L）中的收益**。请大家把这个思维顺序铭记在心。您的最终目的是在未来的那个时间点，让自己资产负债表（B/S）中的净资产达到目标数值。

获得长期收益的模式

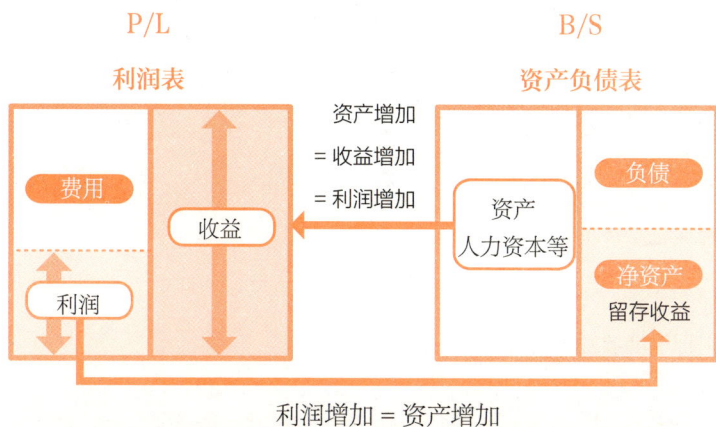

P/L
利润表

B/S
资产负债表

资产增加
= 收益增加
= 利润增加

费用

收益

利润

资产
人力资本等

负债

净资产
留存收益

利润增加 = 资产增加

资产负债表（B/S）中资产（人力资本）的增加，会带来经常性利润的增加

我们把利润表（P/L）和资产负债表（B/S）的概念引入个人生活，就是希望借此来消除大家对"缺钱"产生的不安感，以便让大家更顺利地实现自己的梦想和目标。

话虽如此，但为了实现最终的目标，在一点点积累资产的过程中，我们要节衣缩食，克制自己的各种欲望，还是非常艰苦的。在奋斗的过程中，为了不让自己被过重的精神压力压垮，我们需要事先设定一个忍耐、妥协的界限。而且在此时，与眼前的收益相比，我们更应该把目光放在未来长久的回报上。

举例来说，有些朋友为了攒钱创业，"从嘴里抠钱"，极度削减饮食开支。从超市买来大量便宜的方便面囤积在家里。每天午餐就以方便面充饥。长此以往，人的身体难免出现营养不良的状况，甚至会危及健康。到那时搞不好还要花钱治病，结果花费更多的成本，真是得不偿失。身体是人生所有活动的基础，所以，维持身体健康的费用是不能吝惜的。生病的人，即使再有钱，他的综合人力资本也是负的。

总而言之，希望大家能在看清眼前和未来的基础之上，为自己制订增加收益的计划。

💥 净资产 = 遗产？

为了让资产负债表（B/S）越来越充实，我们应该重点关注总资产。

请参见第 37 页的图，资产负债表（B/S）左侧会计入现金、有价证券、保险、退休金、企业年金、不动产、汽车、珠宝首饰等项目。基本上都是可以折算成现金的财产。而净资产就等于总资产减去负债。

负债项目中都计入了什么呢？购房贷款、购车贷款、教育贷款等贷款当然属于负债。还有未付税款等尚未支付的财产。以企业为例，尚未支付的法人税，就应该计入负债。

我在证券公司从事私人理财工作的时候，客户主要是企业主等富裕阶层。我在给他们讲解个人版资产负债表（B/S）的时候，竟然有很多人把购房贷款等负债归入净资产。

遇到这种情况的时候，我会先问客户一个问题。

"总经理，您拥有的自家公司的股份以及自家房产加起来一共有这么多钱。假设未来的某一天，您的儿子要继承您的这笔遗产，那么要缴纳大约 3 亿日元的遗产税。在这里我要问您一个问题，贵公司尚未缴纳的法人税，属于负债还是净资产？"

对于公司尚未缴纳的税款，客户都知道回答："那是应该支付的税款，当然属于负债。"于是我会接着问："没错。那么，未来需要支付的遗产税，属于负债还是净资产呢？"这时客户才恍然大悟，原来自己现在拥有的资产并不能全部由家人、后代继承，其中还有很大一部分在未来需要以遗产税的形式上缴给国家，而剩下能留给家人的并不多。

当客户意识到尚未支付的遗产税其实是一笔负债的时候，他们对自己现在拥有的财产就有了新的看法，也会产生一定的危机感。当前拥有的财产是自己能够控制的，而自己能控制的财产将会被"夺"去大部分，任谁都会觉得不太开心，这是人类再自然不过的心理。

企业主的典型个人版资产负债表（B/S）

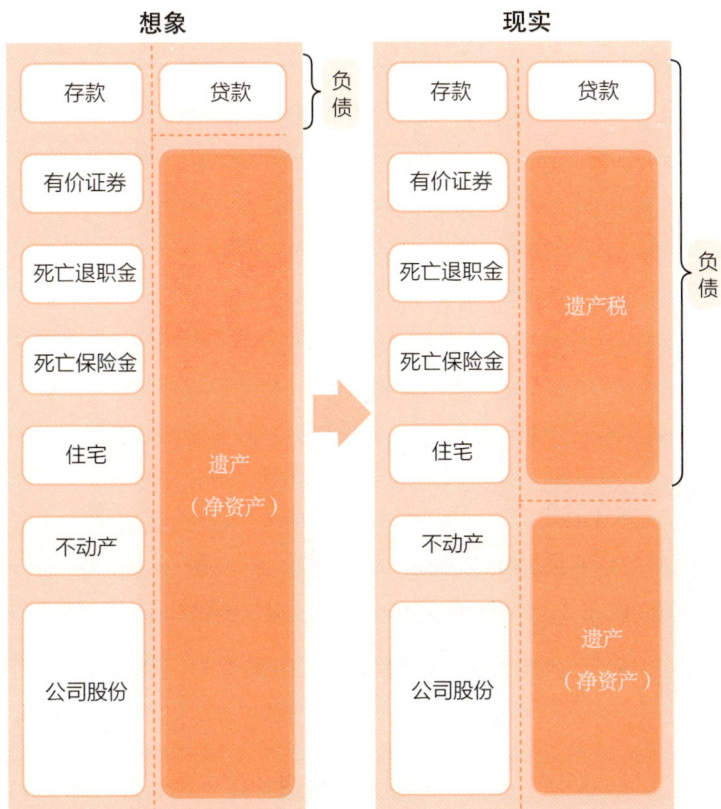

想象		现实	
存款	贷款（负债）	存款	贷款
有价证券	遗产（净资产）	有价证券	遗产税（负债）
死亡退职金		死亡退职金	
死亡保险金		死亡保险金	
住宅		住宅	
不动产		不动产	遗产（净资产）
公司股份		公司股份	

自己以为全是净资产，其实其中很大一部分是负债！

▶ 人际关系中的"借"算一种负债吗？

关于个人版资产负债表（B/S）中的负债，我还会带领大家进行更加严密的分析。

先举个例子，"别人曾经帮过您一个忙"，在个人版的资产负债表（B/S）中，应该将其计入负债。听我这么一说，很多人都会感到不解，连问："为什么？为什么？"如果您懂得感恩和报恩，就应该能理解我所说的话。

再讲具体一点。

假设您在 25 岁的时候和女友结婚，在您的婚礼上，一共来了20 位单身朋友为你们庆祝。他们都送了红包给你们。我们姑且设定，日后，你也会一一参加这些朋友的婚礼。参加别人的婚礼，红包也是少不了的。假设一个人送 3 万日元，那么 20 人就需要 60 万日元。所以，当您婚礼结束的时候，您就背负了 60 万日元的负债。

如果进一步分析的话，假设朋友的婚礼场地距您居住的地方有点远，那还要把往返的交通费计算出来。如果在外地的朋友结婚，除了交通费之外，还要考虑住宿费。

可见，我们当初收到的礼金并不是白拿的，日后还要还回去的。

如果自己结婚的时候，邀请了朋友来参加，那么朋友结婚的时候，我们不可能不去祝贺。当然，那些特别任性、特别自我、特别不合群的人除外。所以，未来朋友结婚时我们有必要支出的礼金，应该计入资产负债表（B/S）的负债部分。

朋友婚丧嫁娶需要支付的礼金，大多都是突然发生的，如果没有预算容易让自己措手不及。尤其是女性，要参加朋友婚礼的时候，往往要准备新裙子，还要去美容院专门化妆，所以支出的费用比男性还要多一些。为了防止猝不及防的"礼金"支出，我们在平时就应该留出预算，以备不时之需。

当然，如果以您的收入来说，这部分负债不算什么的话，也不一定非要计入资产负债表（B/S）。可以计入每年的利润表（P/L）中的预计费用（婚丧嫁娶礼金费用）项目。总而言之，我们收到礼金之后，头脑中要有一个意识——这份礼金是要还的。

▷ "精神负债"与"身体负债"

关于"有借有还"的例子，除了前面讲的"礼金"之外，还有精神层面的。比如，我遇到烦心的事情，心情非常不好，一个朋友陪我聊天，关心我、安慰我、开导我，结果他陪我聊了整整一夜。如果和那个朋友聊天之后我的内心得到慰藉、感到愉快的话，我就会想着日后报答他。从某种意义上讲，朋友对我精神上的付出，也是我要偿还的"精神负债"。

一提到"负债"，可能很多朋友对它的印象都不太好。但如果把负债理解为借入某种东西或接受某种感情的话，那对方是有恩于我们的。这样理解，负债就不再那么负面了。

在大多数人的印象中，"负债"多是指"经济上的债务"，但其实除了经济上的债务，还有"精神负债"和"身体负债"。本小节开头举的那个例子就是"精神负债"。朋友陪我彻夜聊天，安慰我，让我心里的不良情绪得到了释放，但同时，我也背负了"精神负债"——对朋友的精神负债。当然还有另外一种类型的"精神负债"，如将各种委屈、郁闷的情绪强压在心里，一个人独自承担，虽然不会给别人添麻烦，但对自己来说，会造成沉重的精神负担，这也是一种"精神负债"。

再说说"身体负债",影响身体健康的不良饮食习惯、睡眠习惯,都会给我们的身体造成负债。比如,长期吃方便面,虽然从利润表(P/L)上来看,吃方便面可以大幅减少生活费,从经济角度看是一种非常不错的选择。但长此以往,"身体负债"会不断积累,若有一天身体搞垮了,不得不住院医治的话,那"身体负债"不就转化成"经济负债"了吗?

为了偿还欠别人的"精神负债",有的人会买价值相当的物品送给对方,说:"这是上次你给我帮忙的一点回报,是我的一点心意。"虽然嘴上说是"一点心意",但实际上是花了钱的。不但花了钱,还要为买什么礼物而思考,还要花时间去买。也就是说,还要付出时间和精力。

虽然我认同"人际关系不是靠钱买来的",但仔细分析起来,要想构筑良好的人际关系,确实需要花费金钱、时间和精力。比如,和某人约好一起吃晚饭,到约会地点的来回路费、时间、餐费等,都是不可忽视的成本。另外,朋友过生日、结婚、生子等重要场合,也是要送上贺礼的。

所以,朋友越多、人脉越广的人,在人际交往上花费的金钱、时间、精力也就越多。我们经常听到有些朋友抱怨说:"我自己的生活特别节俭,可还是存不下钱,唉。"其实,这种情况多半是交友广泛造成的。

在资产负债表（B/S）中增加一项"未支付人际关系负债"恐怕不太现实，而且我觉得也没有必要做到如此细致的地步，但我们的头脑中一定要有这个意识——在人际交往中，应该是"有借有还"的。

另外还有一点将在第 4 章中讲到，那就是当我们为别人不断付出的时候，我们在人际关系中就成了"债主"，对方肯定会把我们当朋友，当我们需要帮助的时候他也可能拔刀相助。所以，用长远的眼光来看，对别人的付出，也算是我们的一项资产。

⧸⧸ 把信用卡负债变成回报的方法

在个人资产负债表（B/S）上计入负债的时候，我想提醒大家注意的一点是"时间阶段"。

举例来说，假设您已经过了35岁，身边朋友中没结婚的人越来越少，您也不必为朋友的婚礼准备红包了。而且，近年来年轻人举办婚礼的形式也有所改变，很多人不会开宴会，所以祝贺的形式也不一定非得是红包了。因此，婚礼红包这笔负债，可以适当下调了。

在我们的日常生活中，使用信用卡透支消费，应该计入个人资产负债表（B/S）中的债务项。一般情况下，日本的信用卡从账单日到还款日有两个月左右的时间，所以，使用信用卡透支消费的金额，应该计入资产负债表（B/S）的债务项。

最近，除了用信用卡消费之外，一些年轻人开始习惯于用信用卡支付房租、水电费等生活费用，所以，有些人每月的透支额还是很高的。可能大家每个月使用信用卡透支的金额不等，但至少应该把握大体的平均金额，在还款日之前备好足够的钱，免得还款逾期。

顺便介绍一下，信用卡的优惠政策利用得当，可以给我们带来相当可观的收益。像房租这种比较大的支出，如果使用信用卡支付，每个月的总消费额会很大，于是就可以获得较多的积分。

假如一张信用卡的年度返现率为 1% 的话，即每年可以获得支出总金额 1% 的返现，就相当于这笔钱获得了 1% 的利息回报。在日本当前这个低利率时代，年收益率达到 1% 的金融产品还是非常少的。所以，信用卡返现还是相当有魅力的。

不同种类的信用卡返现率有所不同，这里无法一一详细地给大家介绍，朋友们可以自己到各大银行做研究、对比，选择办理适合自己的信用卡。

不过，关于信用卡也有一些负面的看法，很多人觉得刷卡没有使用金钱的感觉，不知不觉之间就花掉了很多钱。日本有本畅销书名叫《犹太大富豪的教诲》（本田健 著），书中就说，犹太大富豪为了让自己意识到花钱时的感觉，在消费的时候只用现金而不用信用卡。

当然，任何事物都有它的两面性，在利用它们的时候，我们要摒弃它们的缺点，发扬它们的优点。在使用信用卡的时候，重要的是不要让自己心中花钱的感觉变得迟钝，对支出的每一笔钱，都要有严密、谨慎的判断。用好了，信用卡也是一种重要的理财工具。

▶ "自我公司"的决算与下一年度的事业计划

有幼儿的家庭，还要考虑孩子的教育资金。教育资金，要有计划地在资产负债表（B/S）的总资产中加以积累。在孩子实际上学之前，利润表（P/L）中并不会实际支出教育资金，但要早做准备，预估相应的金额做好储蓄。

在孩子实际上学前，为孩子储蓄的学费，应该在资产负债表（B/S）中不断积累。举个形象的例子，这就像企业在员工退休之前会为其储备退休金一样。

而且，还要事先和家人商量好未来给孩子选择什么样的学校。因为公立学校和私立学校的学费差异是非常大的。如果准备让孩子上私立学校，就要提前储蓄更多的教育资金。

另外，如果选择上私立学校的话，还要想清楚从哪个阶段开始上，是从幼儿园开始？小学开始？还是初中、高中开始？因为在不同的阶段上私立学校，整体所需要的费用也不一样。在孩子正式上学之前，我们应该把教育资金看作"未来的负债"，从学前就应该为孩子准备好。

顺便介绍一下，在日本，一个孩子如果从幼儿园开始直到大学一直读公立学校，那么需要支出的费用大约为 781 万日元。如果从幼儿园到大学都读私立学校的话，还要分文理科。读文科的话，大约需要花费 2194 万日元；读理科的话，则大约需要花费 2354 万日元（以上数据来自日本文部科学省的调查）。随着日本社会少子老龄化的加剧，孩子的数量逐年减少，因此，平摊到每个孩子身上的教育费用，就在不断升高。

日本在 2020 年度以后（2021 年 1 月中旬实施），大学入学考试将由"Center（中心）考试"改为"大学入学共通考试"。新的考试将更加注重考生英语听、说、读、写的能力。可见，日本的教育开始重视对学生英语能力的培养，为此，家长可能需要花额外的学费给孩子补习英语。分析未来的社会形势，现在的家长还是要早做打算，多为孩子储备一些教育资金。

关于个人版的资产负债表（B/S），一年总结一次就够了。我们每个人的财务状况会随着人生阶段的不同而不同。

现阶段，我们没有必要过分详细地预测 10 年、20 年、30 年后自己的资产负债表（B/S），所以一年更新一次资产负债表（B/S）就可以了。而且，我们应该根据自己人生阶段的前行，对资产负债表（B/S）进行升级。

企业一般一年进行一次决算。日本企业的决算期一般在每年的 3 月，美国企业的决算期一般在 12 月。企业会把利润表（P/L）和资产负债表（B/S）综合起来进行总决算。

作为个人，我们也可以参考企业的会计制度，每年做一次决算即可，同时更新下一年度的事业计划（收益计划）。

▶ 可以使人力资本最大化的事情 vs 想做的事情

为了改善利润表（P/L）和资产负债表（B/S）中的内容，我建议大家先从家人、工作等身边的人、事、物入手，进行一次整理。我会先对身边的人、事、物进行一次分类，分为"**可改变要素**"和"**固定要素**"。

举例来说，自己的家人，基本上是不能改变的，所以应该归类为"固定要素"。而工作，是可以跳槽的，所以属于"可改变要素"。将我们身边的所有人、事、物都按照这个标准进行分类，对于改善利润表（P/L）和资产负债表（B/S）会有很大的帮助。

在对待诸如"工作"这种"可改变要素"的时候，我们要有一个强烈的主观意识，那就是**在工作的同时，要想方设法提高自己的人力资本，即提高自己在未来赚钱的能力**。尤其是想在未来某一天创业的人，更应该注意这一点。

根据我的观察，我发现在日本，自由职业者和有意愿创业的人越来越多。根据美国的调查显示，美国的自由职业者占所有劳动人口的三分之一左右。而且，专家预测，在未来数年之后，这个比例可能上升至50%。

在当今的日本，自由职业者和创业人士也在快速增加。畅销书 *Life Shift*（琳达·格拉斯顿、安德鲁·斯科特 著）中也说，在当今社会，人生 100 年中同时做几份工作的人——组合式工作者（portfolio worker）越来越多。

如果您通过专心于当前的这份工作，就能获得将来创业的能力和经验，那自然应该把全部精力投入其中。但如果不是这样，从提高人力资本的角度来看，您就应该为自己多准备几个不同的选项。

拿我个人的经历来说，我曾经计划在 2011 年从公司辞职，出来独立创业。但是，这个计划最终拖延到了 2013 年 4 月才实施。

2011 年 7 月，我结束了在新加坡的留学，回到日本，当时我就想辞职创业。但就在我回国后的第三天，上司派我去泰国的公司任职。

原本我的计划是从新加坡回国之后，就辞职创立自己的公司，为此从心理和物质上我都做了相当多的准备，所以当上司突然派我去泰国的时候，我感到不知所措。

但是，冷静地思考一下，去泰国赴任，对我的未来而言，也未必就是坏事。

当时，野村证券在泰国的子公司，在综合证券公司中排名第 19 位。但在网上证券服务的排名中，那家公司可以排进前 10 名。我被派到那家公司的主要任务是把网上证券服务推广到其他区域。

于是我判断，到泰国公司工作，能够接触到外国的经营战略，这对我未来创业大有帮助。为此，延迟实施自己的创业计划是值得的。我想创立的企业是从事金融相关业务的 IT 公司，虽说在泰国的工作内容和我的创业计划并不是 100% 的重合，但也有相当大的部分是相通的。在泰国的工作，绝对可以帮我积累和提高创业所需的技能和经验，还能帮我拓展海外的人脉关系。

也就是说，推迟创业时机、积累海外工作经验，对我来说是"可改变要素"。经过深思熟虑，我决定暂不辞职，去泰国赴任。当然，我既然选择留在公司，就会全力以赴，为公司贡献自己的全部力量，我觉得我也做到了这一点。

当我独立创业，设立自己的公司之后的第四年——2016 年 4 月，我在新加坡开设了子公司，作为东南亚地区的战略据点在东南亚开展业务。我创建的 ZUU online 在新加坡地区已经成为一个相当有知名度的金融媒体。东南亚的金融机构，有两成已经成了我的客户。回想起来，假若没有当初在泰国工作的经验，这个成就是难以实现的。所以，2011 年没有辞职真是一个明智的决定。

≫ 闲鱼和淘宝可以使固定资产可视化

编制个人版资产负债表（B/S）后，我们就可以清楚地看到自己有多少固定资产。固定资产除了不动产之外，还包括汽车、名画、名表、珠宝首饰等财物。

近年来，类似闲鱼这样的二手物品交易平台发展非常迅速，说明人们资产负债表（B/S）中变现资产有不断增加的倾向。

那么，可变现资产具体都有哪些呢？举例来说，假如您使用的手机是 iPhone（苹果牌的手机），那么只要不是太老的机型，当您想更新换代手机的时候，旧手机就可以在二手市场上卖个不错的价钱。iPhone 就属于可变现资产。

另外，个人电脑、旧书、名表等都是可变现资产。身边的二手财物能够迅速变现的一个重要条件是当前在人们的生活中还在广泛使用的物品。

说这一点，我是想告诉大家在买东西的时候要多一个考虑因素。在买东西时所做的决定，将极大地影响您个人资产的数额。

在买一件商品的时候，希望您考虑一下这个商品日后作为二手商品的价值有多大。而且，在购置一件商品的时候，您也多了一个选择。因为不一定非要买崭新的商品，还可以去二手市场淘成色好的旧货。如果只是短期使用的话，也可以考虑租赁使用。养成这样的习惯，可以为您节约很多的资金。

以企业为例，要给员工配置电脑的时候，可以出钱购买，也可以找租赁公司租赁电脑使用。如果出钱购买，则购置的电脑会被计入固定资产，然后在以后的时间里按一定的比例逐渐折旧。

对企业来说，不想让资产负债表（B/S）太过"臃肿"，所以会尽量减少企业所拥有的固定资产。某些会一直使用的设备，可能企业出钱购买会更便宜，但那些使用频率不是很高的设备，如果能够租借的话，最好租借使用。这样不会给企业造成太大的负担。

在日本泡沫经济崩溃和金融危机的时候，那些拥有很多不动产的企业都陷入了破产的危机。由此可见，拥有太多的固定资产，不利于企业应对突然发生的变故。

包括不动产在内，全新的商品都存在"溢价"。因此，购买的新商品即使完全没有使用过，甚至包装都没有拆开，如果放在二手商品市场上出售的话，也要降低一到两成的价格才有可能卖出。新商品的定价中，包含了高昂的广告费、店铺租金、销售费用等费用，而二手商品就不存在这部分成本。

所以，当您准备购置一件商品的时候，建议您先到二手商品市场去看一看。

个人版资产负债表（B/S）中"固定资产"的可视化

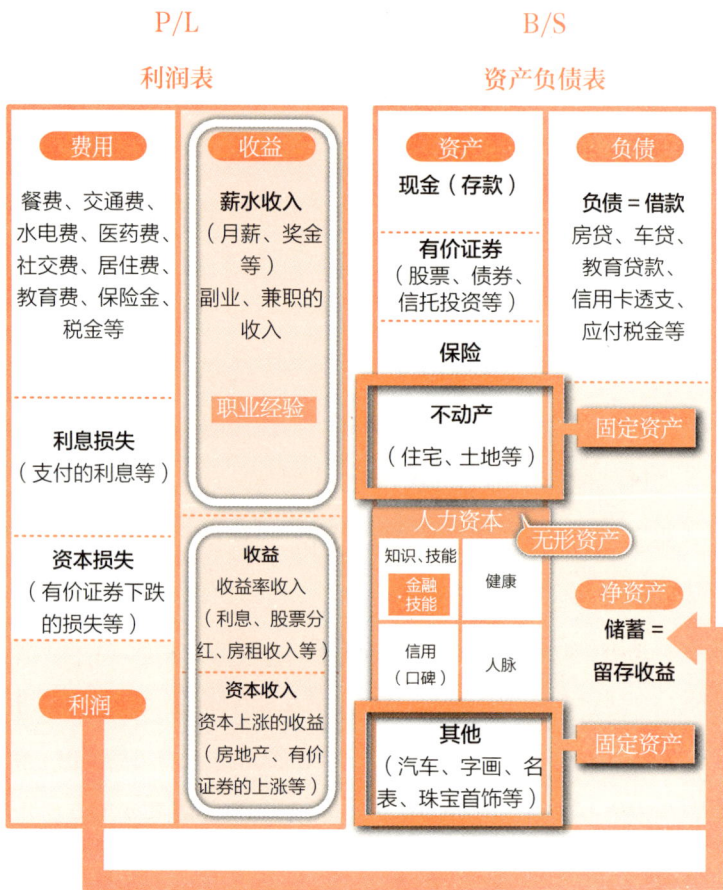

P/L	B/S
利润表	资产负债表

费用

餐费、交通费、水电费、医药费、社交费、居住费、教育费、保险金、税金等

利息损失
（支付的利息等）

资本损失
（有价证券下跌的损失等）

利润

收益

薪水收入
（月薪、奖金等）
副业、兼职的收入

职业经验

收益
收益率收入
（利息、股票分红、房租收入等）
资本收入
资本上涨的收益
（房地产、有价证券的上涨等）

资产

现金（存款）

有价证券
（股票、债券、信托投资等）

保险

不动产
（住宅、土地等）

人力资本

知识、技能	健康
金融技能	
信用（口碑）	人脉

其他
（汽车、字画、名表、珠宝首饰等）

负债

负债＝借款
房贷、车贷、教育贷款、信用卡透支、应付税金等

固定资产

无形资产

净资产

储蓄＝
留存收益

固定资产

▶ 购买商品的时候，请从"资产收益率"的视角来考虑

近些年来，"共享经济"这个词越来越多地出现在我们的生活中。比如，有些年轻人自己买汽车有困难，就使用"共享汽车"，使用一次，付一次使用费即可。

如果要买一辆新汽车的话，动用的资金至少要以 100 万日元为单位计算。所以，**在纠结买不买汽车的时候，您可以考虑一下租赁汽车、共享汽车或者二手汽车**。即使决定买新车，也要到二手汽车市场考察一下，看看自己要买的车型在二手汽车市场的保值率如何。

当然，我们买东西这个行为蕴含着多种含义。比如，拥有一件商品，可以给自己带来自信或者安全感。对有些朋友来说，"将来买一辆法拉利"就是他工作的动力。

在我认识的企业家中，有好几个人都买了豪车玛莎拉蒂。当我问他们为什么要买这个牌子的车时，他们的理由惊人地一致，他们都说玛莎拉蒂的汽车车身钢度高，可以给自己带来更好的安全保护。也许可以说，开玛莎拉蒂汽车是降低事故风险的一种措施。这种好处我们是不能忽视的。

最近，商品租赁市场也得到了长足的发展。我们可以租到名牌手表、高级西装等各种各样的奢侈品。换个角度说，如果我们拥有一些奢侈品的话，也可以成为出租的一方。

这种行为和买套房子用来出租，赚取租金收益是差不多的。比如，Airbnb（爱彼迎）提供的是旅行房屋租赁服务。如果我们有一套房子在旅游城市，就可以把其中一个房间通过 Airbnb 出租给外地游客。可见，我们拥有的资产，只要灵活运用起来，就可以为自己创造更多的收益。

在当今的时代，不仅房屋可以帮我们赚取租金，汽车、奢侈品都可以实现同样的功能。最近我就听说，兰博基尼、阿斯顿·马丁等豪华汽车的车主，通过短期出租自己的汽车，可以获得相当可观的收益。

今后，您在购买商品的时候，一定不要忘记二手商品市场和租赁市场的存在。第一，可以通过二手市场考察要买的商品在未来一段时间的保值率；第二，也可以了解这件商品如果出租的话，能给自己带来多少收益。养成这样的思维习惯后，相信不但能为您省钱，还能帮您赚钱。

国内外共享经济相关服务机构的例子

机构名称	行业、领域
Airbnb（爱彼迎）	不动产
Anyca	汽车
akippa	停车场
Space Market	不动产
Rakusuru	印刷机
aircloset	服装
SUSTINA	服装
轩先 nokisaki parking	停车场
mercari	跳蚤市场
ecbo cloak	仓库
MOCVER	移动数据通信
yerdle	物品租借
Shared Earth	土地共享
Machinery Link Sharing	农耕机械共享
mechakari	服装租借
jimotii	地区公告栏（物品转让）
Victor	私人飞机共享
sankaku	技术共享
ransazu	技术共享
kokonara	技术共享

续表

机构名称	行业、领域
Hubor	旅行指南
TABICA	体验提供
Visasq	技术共享
SCOUTER	人才介绍
machimachi	周围人的信息交换
EatWith	餐饮共享
crowd realty	不动产众筹
makuake	众筹
campfire	众筹
Prosper	网络贷款
asmama	育儿共享
instamart	代购
Uber	网约车
Uber eats	送餐服务
Lyft	网约车
Renet	保洁服务
DoorDash	送餐服务
Luxe	代客泊车
Handy	保洁服务
DogHuggy	宠物托管
DUFL	搬运服务

✎ 50 万日元一块的劳力士和 8.5 万日元一块的普通手表，哪个划算？

如今，二手商品市场越来越成熟，这也使"回报"这个概念比以往任何时代都更加深入人心。因为有了成熟的二手商品市场，我们身边的任何东西都可以进行估值，于是，资产负债表（B/S）也就可以清晰地数值化了。在二手商品市场中，我们所拥有的物品可以被比较准确地估值。会赚钱的人，今后一定会更加频繁地使用二手商品市场。

下面给大家举个例子：

假设一块劳力士牌的名表卖 50 万日元，一块普通的国产手表卖 8.5 万日元，您会买哪块手表呢？在思考这个问题的时候，有一个因素是必须考虑的，那就是哪一块手表能给我们带来更高的回报。

我们先来思考一下，如果购买了 50 万日元一块的名表，会给我们带来什么好处。

首先，戴着一块 50 万日元的高级名表，我们可以获得极大的满足感、自豪感和自信心，周围人对我们的印象也会有所提升（虽然我们不赞同"以貌取人"，但这种现象真实存在）。另外，高级名表在功能性和质量上的高品质，也是毋庸置疑的。从这些因素来考虑，戴50万日元的高级名表肯定比8.5万日元的普通国产手表强。

接下来我们再分析一下，两块手表在购入三年之后还值多少钱。

8.5万日元的国产手表戴了三年之后，当作二手商品卖出的话，大约能卖2.5万日元；而50万日元的劳力士，使用三年之后还能以41万日元的价格出售。

由此看来，8.5万日元的手表戴三年，实际支出了6万日元。而50万日元的劳力士戴三年，实际支出了9万日元。虽然单纯从支出金额来比较，买劳力士要多支出3万日元，但经我这样一比较，估计大多数人会选择购买50万日元的劳力士。

从精神层面的满足和质量、功能两方面考虑，买50万日元的高级名表好处更多。而且，拥有高级名表，也使我们的资产不容易贬值。

实际上，我们还知道，劳力士公司对于手表的生产量是有严格控制的，不会大量投放市场。正所谓物以稀为贵，所以劳力士不会出现大幅贬值的情况。有些时候，购买劳力士三年之后，卖出价格还会高于当初的买入价格。

买哪一种手表的好处更大呢？

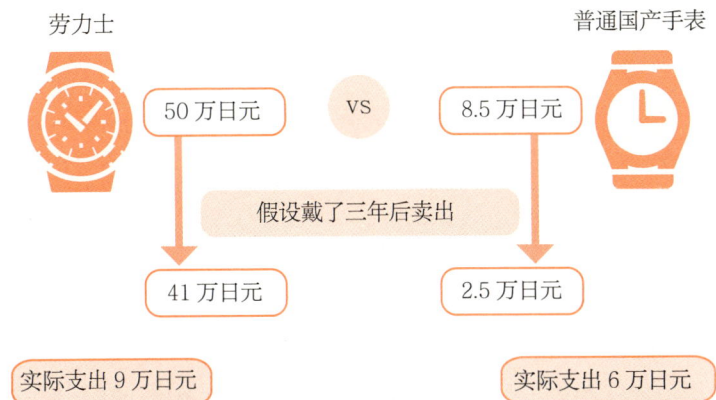

劳力士　　　　　　　　　　　　　　　　　普通国产手表

50 万日元　　vs　　8.5 万日元

假设戴了三年后卖出

41 万日元　　　　　　　　2.5 万日元

实际支出 9 万日元　　　　　　　　实际支出 6 万日元

　　生活中像这样的例子不胜枚举。我想告诉大家的是，在购买大额商品的时候，一定要先去二手商品市场考察一下相关商品在若干年后的残值率。更加保值的商品，应该是我们的首选。

　　有了成熟的二手商品市场，我们身边拥有的所有物品都可以明码标价。这样一来，我们的资产负债表（B/S）也可以数值化。由此，我们在购买商品的时候，就多了一项参考系数，那就是我们的资产负债表（B/S）。**我们的金钱应该流向那些不容易贬值，甚至可以升值的商品。**这样，我们的个人资产也会不断升值。

◆ 如今的时代，价格越贵越好卖

在过去的年代,崭新的商品和二手商品之间的价格差是很大的。因为买卖二手商品需要中介公司的介入，而中介公司会收取买卖双方一定的手续费。这笔费用也是造成二手商品价格远低于新商品的原因之一。但是，近些年来，随着互联网的高速发展、电子商务的普及，二手商品的卖家和买家可以跳过中介公司直接进行交易，所以二手商品的价格越来越透明。因此，二手商品的估价也更加容易。

这种倾向不仅限于名表、名包等小型商品，大件二手商品同样可以清晰估价。比如，您家有一辆雷克萨斯牌轿车，开了五年您想换车，把旧车卖掉的时候就可以在二手汽车网站上进行模拟估价。

再举个具体的例子，一辆价格 1000 万日元的高级汽车开三年之后的二手车价格在 700 万日元左右；而一辆价格 500 万日元的普通汽车开了三年之后能卖 200 万日元左右。也就是说，三年间，两种汽车的费用都是 300 万日元。根据这样的市场行情，您准备买新车的话，我建议您选择 1000 万日元的高级车。因为在费用相同的前提下，高级车能给您带来更多的好处。

另外，拿法拉利、玛莎拉蒂等豪华汽车来说，有些车型在多年之后甚至还会升值。您可能见到一些成功人士没过多久就换一辆豪车开，您可能感觉他们"有钱任性"，其实卖出一辆再买一辆，并不会损失多少钱。

在花大量资金买房子的时候，也可以运用这种思维方式。大家经常说要买地铁站附近的房子，虽然这里的房子要贵一点，但房价下跌的空间也很有限，说不定还有一定的升值空间呢。

不管是买智能手机，还是金银首饰，乃至所有购物行为，您都应该考虑要买的东西保值率如何。

买房子、汽车等大件商品的时候，一般人都会经过深思熟虑和反复考察，但对于日常生活中不太贵的商品，大家就不会花太多心思去研究了。其实，不管买什么东西，都是自己出钱，我认为花每一分钱都应该谨慎对待，要把钱花在刀刃上，还要想办法让钱"生出"更多的钱来。

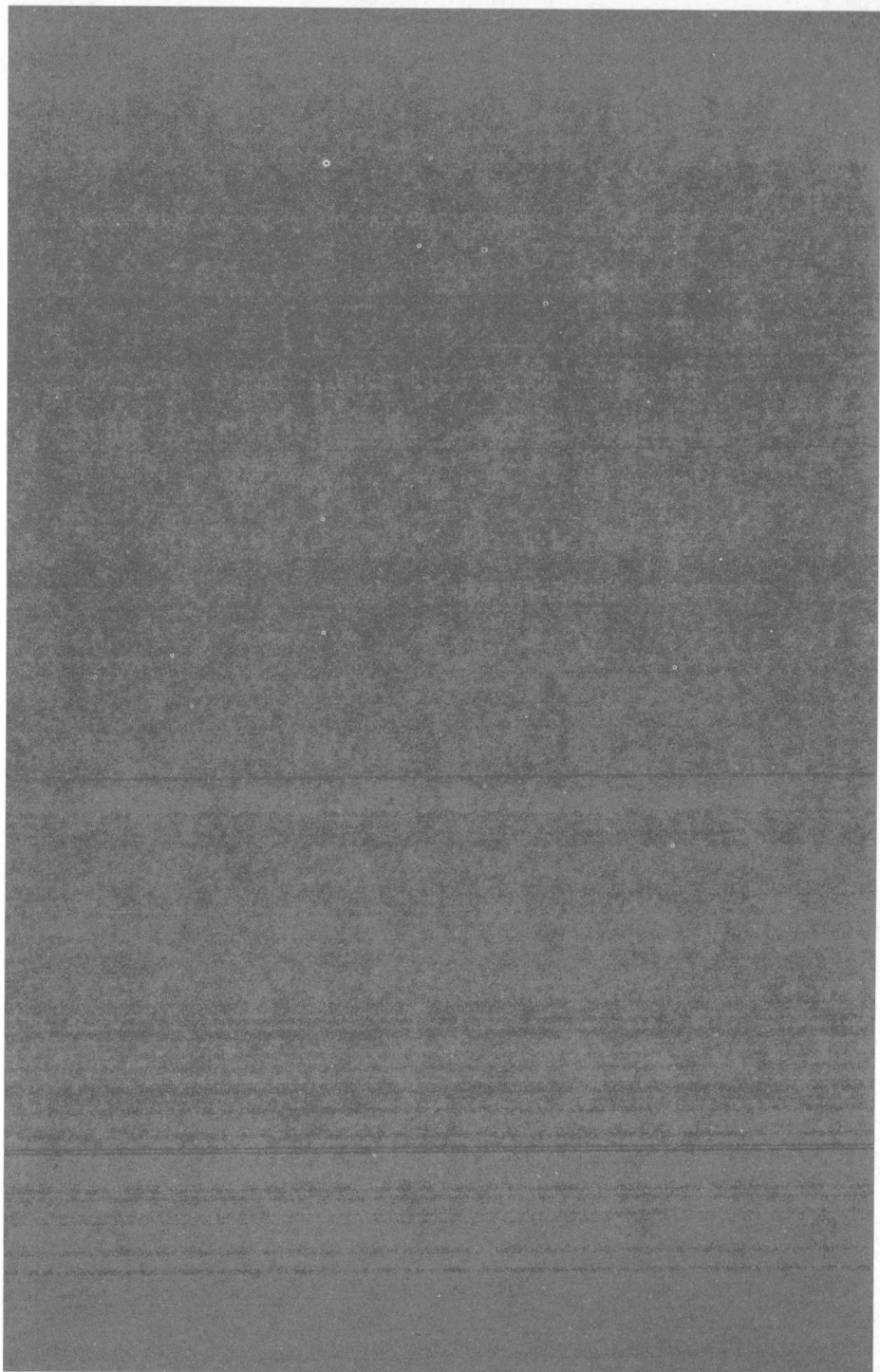

第2章

让"金钱 PDCA"
急速运转起来

PDCA 循环始于目标，但目标之上必定存在一个目的。
在运行 PDCA 循环，尤其是金钱 PDCA 的时候，要经常想
一想自己最终的目的，不要让赚钱成为目的，因为赚钱只是
实现最终目标的一个手段。

▶ 您的最终目的地是哪里?

我在第 2 章中要讲的主要内容是"PDCA"。在正式讲解之前,我先给读者朋友们讲一些我和外国企业家之间的逸闻趣事。

因为工作的关系,我经常有机会和外国企业家进行交流。在我和他们交流的过程中,我发现很多外国人都喜欢问一个问题:"What's your ultimate goal?(**'你的最终目的地是哪里?'或者'你的最终目标是什么?'**)"提出这个问题之后,根据对方的回答,就可以大体了解他的人生观。

实际上,在美国金融界,在为客户提供理财服务的时候,会采取"goal base approach"的方法,即以客户的人生目标为基准点往回倒推,制订理财计划的方法。可能是因为很多美国人能够明确找到自己的人生目标,生活方式也是从终极目标往回倒推,据此采取相应的行动。

要让日本人回答"人生的最终目标",估计很多人会说"要攒很多钱""让自己变得更有钱"。首先声明一点,我并不觉得"赚钱""攒钱"这个目标有什么不妥,但是,如果不能弄明白赚那么多钱要用来干什么的话,那钱再多有什么意义呢?如果一个人追求的只是让自己拥有的金钱数额不断快速增多的话，很容易误入歧途。

　　说到底，我认为金钱只不过是实现梦想、目标的一种手段而已。**只有明确了自己的人生目标，才能把钱花得更有意义**。

　　我们都知道找到自己人生的终极目标非常重要，但突然问一个人："你的最终目标是什么？"估计很多人都无法马上给出明确的答案。

　　我们不妨把门槛降低一点，先不要求您马上想好自己的人生终极目标，不过我请您给自己设定一个"阶段性目标"，这要相对简单一些。有了阶段性目标，至少能让人知道今后将朝哪个方向前进。

　　阶段性目标，我也称之为中间目标或中转站。我经常会给自己设定阶段性目标，而且把它作为自己的行动指针。

　　设定阶段性目标的方法也很简单，从人生的终点向前倒数，40年后、30年后、20年后、10年后、5年后、3年后、1年后、6个月后、3个月后、1个月后、1周后……按照这样的时间点为自己设定中间目标。倒数的想象很奇妙，感觉自己好像从未来一点点回到了现在，好像我们真的看到了未来的自己。为了实现那个美好的目标，我们才要为1周后、1个月后、3个月后、6个月后、1年后、3年后等时间点设定阶段性目标。

▶ 在 45 度范围内设定"中间目标"

现在，如果您能马上确定自己人生的最终目标，那当然再好不过，但可能大多数朋友都很难在头脑中想象出未来自己最理想的样子。对于这样的朋友，我建议您先为自己设定中间目标，然后朝着它努力，实现当前的中间目标之后再设定下一个中间目标。

怎样设定中间目标才不会出现太大的偏差呢？我想用"角度"来给大家说明。如第 68 页图中所示，我们应该在前方 45 度角的范围内设定中间目标。如果找不到朝向最终目标的方向，在自己周围各个方向上寻找目标，结果只能原地打转，让自己更加茫然不知所措。

如果您一时还无法确定最终目标的话，可以先用排除法消去那些不太适合自己的方向，比如"当教授不是我的理想""做演员不是我的强项""我也不太喜欢做技术性工作"……在这个过程中，您就有可能把自己感兴趣的领域收缩到 45 度角的范围之内。再给这个范围内的几个目标加以排序的话，就可以进一步缩小角度范围，最终找到自己喜欢又擅长的事情。

　　这有点像登山，我们看见远处那座大山，想要登上它的顶峰。我们虽然知道它的方向，但不知道通往山脚的路具体该怎么走。这时，只要选一条朝着大山方向的路走下去应该就不会错。虽然不可能直线到达山脚，但最终一定能到达。这一路上，我们也会获得诸多感悟和收获。走着走着，也许浓雾就已散尽，山的方向更加清晰。来到山脚下，开始攀登之后，随着高度的上升，我们又可以看到更加广阔的世界。

　　由此可见，**当我们按照预定的方向前进，从"中间目标1"向"中间目标2""中间目标3"等移动的过程中，最终目标也会变得越来越清晰。**

"前方 45 度"的前进方向

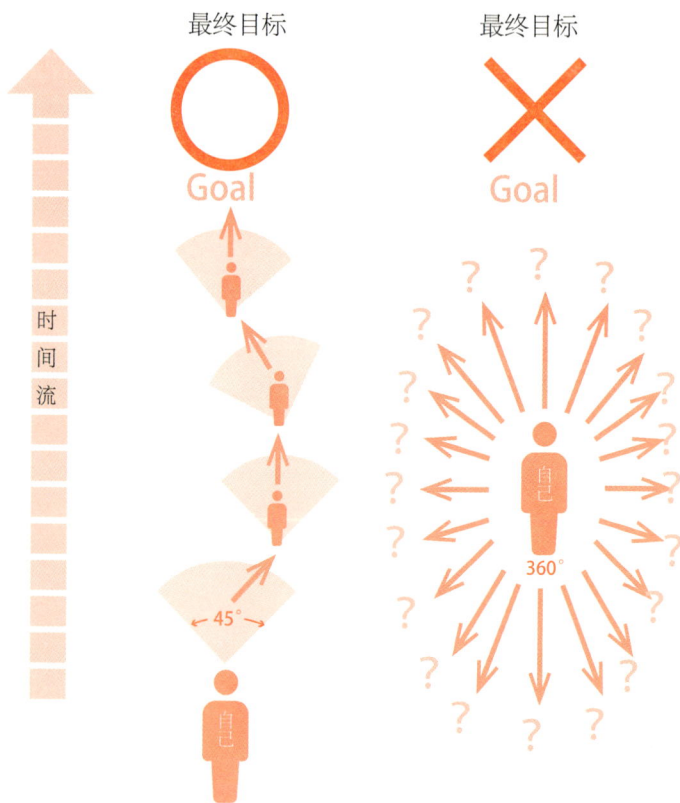

最终目标

最终目标

时
间
流

45°

360°

每隔一段时间，
便确认一下前进
的方向

不先确定前进方向，
就会在漫无目的的尝
试中变得迷茫

人气动漫《海贼王》相信很多朋友都看过，主人公路飞率领的草帽海贼团目标非常明确，就是要找到一笔巨大的宝藏"one piece"。但是没人知道"one piece"在哪里，只能根据当前找到的一点点线索，为眼前的行动选择一个最适合的前进方向，从一个岛屿向另一个岛屿进发。在前进的过程中，不断遇到新的伙伴，获得新的线索，让最终目标"one piece"的真面目一点点浮出水面。顺便说一句，寻获宝藏"one piece"也只不过是路飞的一个中间目标，因为这只是他"成为海贼王"路上的一个挑战而已。

在前方45度范围内设定了中间目标之后，还有一点很重要，就是每隔一段时间要对前进方向进行一次评估、确认。

如果只顾一味埋头前进，展现在眼前的前进方向便会越来越宽，当再次抬头向前看的时候，很有可能已经看不到目标在哪儿了。因此，我们必须在前进的范围变宽之前对前进方向进行再确认，保持实时更新。

在不断重复"再确认"的过程中，您就会发现前进方向的精度越来越高。路线范围不再是45度了，而可能是30度、20度，这样我们就可以找到更精确、更短的路线直通最终目标。

确定前进方向（Plan），朝着中间目标前进（Do），对路线进行再确认（Check），调整前进方向（Adjust）——这就是一个PDCA循环。

⟫ 人停止前进的三大原因

人要想始终保持高度的热情，毫不迟疑地向前进发，就需要设定明确的目标，然后不断重复 PDCA 循环。因为当人没有目标或看不清目标的时候，就会感到不安和迷茫，因此只能停步不前或原地徘徊。

人停止前进有三大原因：

（1）不知道自己要去向何方（看不见目标）；

（2）不知道现在的努力有什么意义（看不清前进的道路）；

（3）不知道按照现在的方法努力下去是否正确（找不到方法）。

如果能以最终目标为前提，朝着最终目标的方向反复实行 PDCA 循环，就能帮我们消除心中的不安和迷茫。

再回到外国企业家问我的那个问题——"What's your ultimate goal？"我的回答是："我想让整个世界充满热情，热到可以融化整个南极的冰川。我希望这个世界上的每一个人都能朝着自己的梦想和目标使出100%的力气全速前进。""我希望到2038年，自己公司的市值能够达到 100 兆日元的规模，成为世界顶级企业。同时，成立一个 100 兆日元规模的慈善组织。"这些就是我的终极目标。

当然，我的目标还有更加具体的细节，但在回答的时候我只能说到这个程度。因为我觉得在给自己鼓舞士气的时候，一定的抽象度和夸大是非常必要的。

我在说出那个宏大终极目标的时候，并不太清楚当自己的公司达到市值 100 兆日元的时候具体经营些什么。因为我认为在朝着终极目标努力的过程中，在不断重复 PDCA 循环的时候，会通过"Check"和"Adjust"不断修正和刷新具体的经营内容和方式。因此，虽说从一开始就弄清楚终极目标的所有细节是最理想的，但那样也是非常困难的。所以，对大部分人来说，一开始只要定下远大的终极目标即可，至于细节，可以在实施过程中不断反思和调整。

与追求终极目标的细节相比，"确定前进的大体方向"更为重要。赚钱，是实现终极目标的一个手段，即使从赚钱的角度来看，没有眼前的大体前进方向，也难以赚到钱。

也许您心中的终极目标，当前还像水中花、雾中月一样不那么清晰。但随着不断向前推进，水面总会平静，雾终会散去，目标也会越来越清晰。为此，我们只要把握好眼前前进的方向即可。

▶ 从终点逆推的"以终点为基础的资产管理"

在管理个人资产的时候，同样可以应用从终极目标逆推的思维方式。

我在新加坡留学的时候，获得了各个瑞士私人银行客户管理程序的资料。通过研读和比对各个银行的客户管理程序，我发现虽然各家银行的具体管理程序多少存在一些差异，但基本思路都是共通的。具体内容大体如下：

（1）了解客户；

（2）明确客户的问题；

（3）明确客户的目标（管理资产的目的）；

（4）总结出合适的选项；

（5）对各个选项进行评估；

（6）协助客户确定行动方针；

（7）对结果进行评估。

在上述七个程序中，最为重要的是（1）～（3），说到底就是要对客户进行全方位的了解。

　　海外的私人银行面对客户首先会问一个问题："您人生的终极目标是什么？"银行会根据客户的回答，反向逆推，帮客户定出中间目标——到多少岁实现什么样的阶段性目标。然后根据每一个中间目标，帮客户设计具体的理财方案。

　　这种资产管理方法被称之为"**以终点为基础的资产管理**"，也是我从海外私人银行学到的重要理财原则。

　　要想在有生之年完成理想中的目标，可选择的方法并不多，我认为首先就是定出一个中长期目标，然后朝着目标方向反复执行PDCA 循环即可。

　　没有目标的理财、投资，就像在茫茫的大海中航行没带罗盘一样，只能漫无目的地随波逐流。所以，在运用资产之前，首先应该搞清楚——"自己赚钱要干什么？""自己和家人想要什么样的未来？"

海外多家私人银行的客户管理程序之比较

		贝伦伯格银行	CORNÈR BANK	Credit Suisse	PICTET	UBS	VON-TOBEL
理解（Understand）	（1）了解客户	分析	客户的需求 投资概况	分析需求 理财观念	【分析】 税金及金融 状况的分析	了解客户	明确顾客 需求 重审顾客 数据
	（2）明确客户的问题			投资家的 概况	（资产安全 地增长）理 财规划		进行单独 分析
	（3）明确客户的目标						
定义（Define）	（4）总结出合适的选项	战略、战术的分配	投资提案	投资战略	投资战略	提案	确定详细 的战略
	（5）对各个选项进行评估				投资提案	同意与 执行	
实行（Implement）	（6）协助客户确定行动方针	再分配控制	投资组合 管理	执行	相应资产的 管理		执行具体 投资
控制（Control）	（7）对结果进行评估				（控制） 报告	评估	定期评估 （投资战 略与方法）

虽然说法上有些出入，但客户管理的基本模式是一致的

摘自：《私人银行教会了富人什么》

假设您的人生目标是："退休之后在马来西亚买套房子，并去那里定居。"为了实现这一目标，您首先应该做的事情是调查马来西亚的房价，评估未来需要的资金量，然后制订移居计划。

还有更重要的一点，我们不知道自己的寿命到底有多长，除了移居海外的计划所需的资金之外，还要预算出一笔日后养老、医疗的费用。

把目标搞清楚之后，也就明确了日后资产运用的方向性，即投资理财的道路。另外，还有一点要想在前面，那就是为实现人生目标设定一个时限。

举例来说，假设您的人生目标是"让自己现在的资产翻一番"，但是用 10 年来实现呢，还是用 20 年来实现呢？实现目标的年限要求不同，那么投资的方法不同，期望的投资回报率也不同。要想在较短的时间内完成这个目标，就需要较高的投资回报率，但与之相伴的投资风险也会增大。

即使您的财富还没有达到成为瑞士私人银行客户的水平，同样也需要面向未来，为自己设定人生的终极目标。而且，为了实现目标还要制订详细的计划，在前进的同时反复实施 PDCA 循环。这就是成为富人的思维方式和资产管理方式。

≫ 思维导图和 PDCA

如果把大方向搞错的话，那么不管选择什么道路、什么方法都不能到达目的地，而且还容易犯致命性的错误。相信大家都能理解这一点。反之，只要大方向明确无误，选择哪条道路、哪种方法，边实践边调整即可。举例来说，假设我的人生目标是"成为全国第一的创作者"，那么是选择从网络媒体入手、书籍制作入手还是电影制作入手，就需要我在实践中进行取舍。

可见，**我们在朝着目标努力前进的过程中，需要定期对方法进行反思和检查，并根据需要做出修正或改变。**

在修正道路和方法的实践中，我推荐一个很好用的工具——思维导图。

我自己在为理想而努力的过程中，也曾几次调整前进的道路。但是，最初我宣言的"要创造一个把南极冰川都融化的热情世界"的理念自始至终都没有改变过。我在前进的路上，时时都以这个理念为大方针。

我在大学时代第一次接触到 PDCA，从那时起直到现在，不管做什么事情，我都把思维导图当作一个非常重要的工具和武器。

在电脑上、智能手机上我使用过好几种思维导图软件，最后觉得 iThoughts 和 MindNode 两款软件最好用，推荐大家使用。

我在 2009 年制作的思维导图主要列出的是作为人力资本一部分的知识技能、健康管理、个人收入、总资产方面的细节，并且记录了社交费预算、交通费预算等很具体的内容。

在思维导图中，还能看见当时我给自己的一些忠告，如"决不许熬夜""不许酗酒""不去太贵的餐厅""不穿太奢侈的衣服"等。现在再回头看的时候，还能真切地感受到自己年轻时的干劲和自律（笑）。

我很喜欢喝酒，为此需要花费很多金钱和时间，为此，我还给自己定了一个戒酒计划。

当时，我已经有 350 万日元的存款，而且我还计划在半年内把存款金额提高到 500 万日元。在思维导图中，还能发现当时我持有市值 100 万日元左右的有价证券。除了这些之外，图中还能看到我要提高自己英语水平的目标。

当时的我，头脑中只是觉得"未来事业的选项有很多"，还没有锁定某个特定的行业或领域。但潜意识中感觉自己以后要从事与金融或教育相关的 IT 产业。

在制作思维导图的过程中，对于目标以及实现目标的计划，都是一个确认的过程，确认自己已经完成了多少，还差多少，已经完成的部分哪些地方需要改善，未完成的部分存在哪些问题需要克服。

这些问题都在绘制思维导图的过程中变得非常清晰。

在思维导图中虽然体现不出来，我还总结了关于时间的质与量的 PDCA。

比如，关于时间的使用方法我就列举了很多解决方案，具体如"为了制作提供给客户的资料，我要查询大量数据，结果，比预期多花了一倍的时间。日后，我要严格甄选数据源，把控搜索范围，一定要缩短查询时间""以前我制作的任务清单不够明确，造成了任务的延迟和累积。现在我要把延迟了一周以上的任务分成 3 ~ 5 步迅速解决掉"。

在提高自身能力方面，思维导图也能起到很大的作用。我在制作思维导图之后，会定期地回头审视，分析自身存在的问题，找到需要加强的地方。在个人资产管理方面，我同样要用到思维导图，各个方面的目标和预算都详细地记录在思维导图中，然后定期对照思维导图看目标实现了多少。

对于个人版利润表（P/L）和资产负债表（B/S），一年审视一回就够了。但我对于人力资本和时间资本制作的思维导图，会每季度审视一次。更具体一些的内容，我更是每个月都要审视一次。

回过头来审视过去一段时间的状态，并不是要改变目标本身，而是调整、改善通向目标的道路。对于发展顺利的部分，日后继续保持即可；发现存在问题的地方，则需要马上做出调整。

每隔三个月我会把自己制作的思维导图打印出来，装在公文包里随身携带。只要一有空闲时间，我就把思维导图拿出来看，对于需要修正的地方还要用笔勾画出来。经过三四次修改的思维导图，能让我更加清晰地看到通向最终目标的道路。

另外，跟公司业务有关的思维导图，我会按照等级以半周、一周、两周、一个月、一季度、半年、一年为周期进行重新审视。而且，我还把自己的这个习惯推广到公司的每一位员工。通过这样的操作，每一位员工都能更加明确工作的优先顺序，工作起来不会感到不知所措。

≫ 以最短距离、最快速度到达终点的 PDCA

活到现在，我自己的人生中运转过数不清的 PDCA 循环。而且，我对传统的 PDCA 按照自己的特点进行了改造，我将其称为"高效 PDCA"。从大学时代直到今天，在我生活的方方面面都能看到"高效 PDCA"运转的场景。托"高效 PDCA"的福，我给自己设定的所有目标都实现了。

PDCA 具有一种魔力，可以把人的能力高效激发出来。

在当今的社会中，PDCA 已经得到大规模普及，很多朋友通过 PDCA 收获了不小的成就。但我又对 PDCA 进行了深化改造，让它更适合个人。想了解我所独创的 PDCA，可以参考拙作《高效 PDCA 工作术》。

⬛ 首先确立一个目标——（1）Plan

在 Plan（以下简称为 P）阶段，我们必须为自己设定一个目标——真心想要实现的目标。如果能从一开始就看清自己的终极目标当然是最理想的，但如果一时还不知道自己最终将走向何方，先给自己确立一个中间目标也可以。但不管是什么样的目标，<u>必须有具体的内容</u>，不能是空洞、口号式的。

我给大家举一个具体的目标案例——"我想在 3 年后获得 MBA 学位，为此想去美国留学，所以在出国之前必须存到 1500 万日元（学费 1000 万日元，生活费 500 万日元）。"

当目标非常具体、明确的时候，我们更容易看到现实与目标之间的差距。而这个差距正是我们要努力填平的沟壑，明确了差距，我们才能有针对性地发现问题、寻找解决方案，为当前要做的事情排列优先顺序，为进入下一步 Do 做好准备。这也是 P 的重要性所在。

我个人认为，P 在整个 PDCA 中所占的比重大约在五成。因为如果没有明确目标的话，那接下来不管做什么，不管多么努力，都可能是做无用功，甚至会南辕北辙。为了防止这种风险的产生，我们必须在最初的 P 阶段做好万全准备。

高效 PDCA 循环

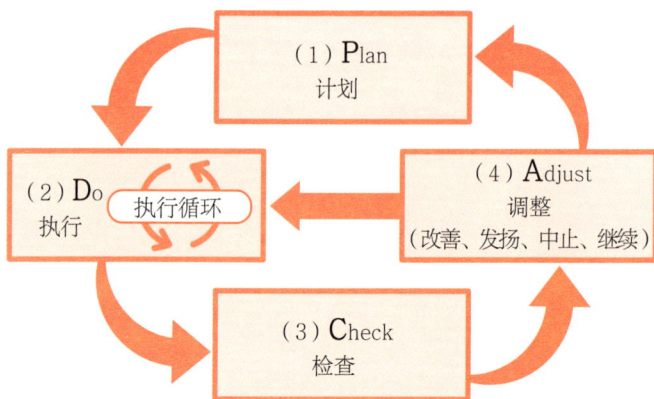

```
          （1）Plan
            计划

（2）Do              （4）Adjust
执行    执行循环        调整
                 （改善、发扬、中止、继续）

          （3）Check
            检查
```

计划阶段的 8 个步骤

步骤 1：设定具体目标

步骤 2：分析现实与目标的差距

步骤 3：找出弥补差距应该解决的问题

步骤 4：为问题排列先后顺序

步骤 5：将各个问题转化成结果目标

步骤 6：为实现结果目标寻找解决方案

步骤 7：为解决方案排列先后顺序

步骤 8：让整个计划可视化

▷ 将目标细分到可执行的微观层面，然后以最快的速度推进——（2）Do

在 P 阶段，我们应该已经分析出"自己现在应该做什么"。在接下来的 Do（以下简称为 D）阶段，我们就得把"该做什么"分解成若干具体的执行方案，然后再把每个步骤细分成若干任务，接下来就是按顺序挨个攻克每一个任务。这一阶段的关键点是迅速将执行方案细分成任务。

比如，我设定的一个目标是"今年存到 100 万日元"，我的解决方案就是开源节流，但是我会刻不容缓地将这个方案细分成若干小任务，如"每月最多只参加一次聚餐，减少餐费支出""家里不用的东西尽量在二手市场上变卖"。有了任务，就立刻执行。如果分解成小任务的行动迟缓了，那么解决方案就只能一直飘在空中，无法落地。D 阶段也无法推进。

根据我的观察，在 PDCA 循环过程中，大约有一半的人会在 P 阶段受挫，进而停滞不前。而在 D 阶段受挫的人约有三成。这三成人的大部分，就是因为没有把解决方案细分成具体任务，从而无法执行。

为了不让自己在 D 阶段受挫，需要把解决方案分解成若干具体行动（任务），这项操作是 D 阶段的关键点。

在 P 阶段，我们已经分析了解决方案，为了将解决方案落到实处，我们必须考虑具体行动措施。在本书中，我用"Do"来表示具体行动措施。

举个例子，有一个想去海外留学考取 MBA 学位的人，假设他给自己定了一个中间目标："3 个月后在 TOEFL（托福）考试中考 110 分。"为了实现这一小目标，他在 P 阶段分析出的解决方案是"反复做英语阅读理解练习册"。把这一解决方案分解成小任务的时候，就出现了"先买一本英语阅读理解练习册"这一具体的行动。但是，仅仅分解到这一层，还是难以付诸行动，还要对这个行动进行进一步分解，制定具体的时间表。

制定具体行动时间表，我用"To Do"来表示。比如，"今天晚饭后我就在亚马逊下单，买一本英语阅读理解练习册"。换句话说，从解决方案细分出的小任务叫作"Do"，而把"Do"进一步分解出来的具体行动，叫作"To Do"。

如果只做到 Do 这个层面，人就容易陷入"我虽然知道该做什么，但不知从哪儿下手"的状态。这样的话，就难以付诸行动。这就好像一整块牛排摆在您面前，您可能不知该从哪儿下口，但如果把牛排切成小块，就方便多了。

尤其是那些不太紧急的事情，我们很容易只把它分解到 Do 的层面。另外，那些以前不太善于管理金钱和理财的人，一旦开始理财，很容易停留在较大的解决方案层面，没有具体行动，也就没法实施。

虽说管理金钱是很重要的事情，但对大多数人来说，并没有达到这个月管理不好下个月就没饭吃的紧急程度。我们的理财规划一般都是 1 年、5 年、10 年乃至更长远的计划，不会太紧急，所以更容易使人懈怠。为了防止懈怠的发生，我们更应该把理解的方案分解到非常具体的细节。

▶ 应对变化，为寻找最短路径而进行的检查——（3）Check

执行阶段的 5 个步骤

步骤 1：把解决方案分解成"Do"

步骤 2：为 Do 排列优先顺序

步骤 3：对 Do 进行量化

步骤 4：把 Do 进一步细分成 To Do

步骤 5：执行 To Do，并随时确认进度

对 Do 进行细分得到 To Do

进入"立刻就能着手做"的状态

结果目标	解决方案	Do	To Do
	反复做英语阅读理解练习册	买英语阅读理解练习册	今天晚饭后我就在亚马逊下单,买一本英语阅读理解练习册
		反复练习直到分数提高	记入定期检查表
在TOEFL考试中考110分	每天听听力测试音频	寻找听力测试音频	3天内找到备选音频,下载合适内容
		上下班路上听	记入定期检查表
	上在线英语课,接受一对一指导	选择留学预科学校,签约	一周内找到备选预科学校,选择合适的学校签约
		每周上一次在线课	记入定期检查表

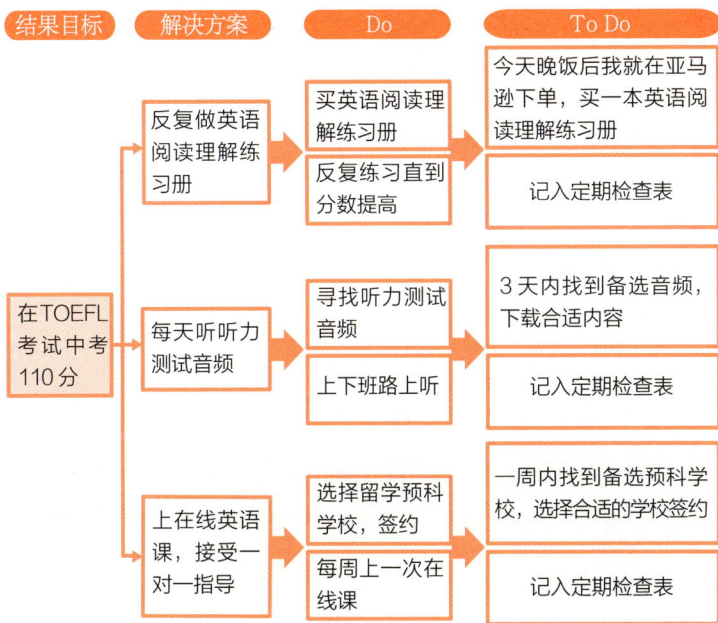

不管是P阶段我们确立的目标,还是D阶段做的任务,从中长期的视角看,都只不过是假说。没准我们会在途中改变目标,那么该做的任务也会相应调整。即使不改变目标,在实施的过程中也有可能发现更有效的方法,从而改变任务。为了应对这种变化,我们要定期,甚至可以说频繁地对计划和行动进行检查——Check(以下简称为C)。

实际上，即使我们不进行 C，只是 D 的话，也能感觉自己在朝目标不断靠近。但如果这样的话，**我们很可能不知不觉间在原地打转**。为了避免这种情况的发生，C 是必不可少的。

举例来说，为了存 100 万日元，我们把每月参加聚餐的次数控制在一次以内。只要按照这个方案执行，您就能感觉自己每月支出的餐饮费在减少。但自己的资产到底有什么样的变化，还是要通过 C 来考察。

也许您设定的 100 万日元存款目标，已经通过投资收益和家中不用物品的卖出变现实现了。这个时候，就要迅速进入下一个PDCA 的 P 阶段。另一种情况，如果您已经把每月聚餐的次数控制在了一次以内，可存款金额依旧没有增加。这个时候，通过 C 您就可以找到问题所在，并迅速调整任务，推动存款的不断增加。

在进行 C 的时候，要谨记抛开个人感情，一定要对自己的 P和 D 进行客观的审视。

（自己的目标定位是否准确？）

（有没有其他更有效率的实施方法？）

头脑中应该有意识地带着上述两个问题对自己的计划和行动进行客观审视。

这里需要提醒大家注意一点，PDCA 有一条铁一般的原则，那就是在执行 P 阶段规划好的 D 时，一定要坚信自己的计划没有错，充满自信地去做。因为一旦做出了决定，不将其执行到底的话，就没有办法进行下一步。

但是到了 C 阶段，应该抱着怀疑的态度看待自己的 P 和 D。可是实际操作的时候，很多朋友正好搞反了，在 D 阶段犹豫不决，对自己的行动将信将疑；而做完之后到了 C 阶段，又开始自信爆棚了，感觉自己做完了，就万事大吉了。

检查阶段的 5 个步骤

步骤 1：对量化目标的完成率进行确认

步骤 2：对结果目标的完成率进行确认

步骤 3：对量化 Do 的完成率进行确认

步骤 4：分析没能完成的原因

步骤 5：分析完成的原因

计划阶段 〉 执行阶段

计划 Plan ➡ 执行 Do 　　最合适的检查　　检查 Check

调整 Adjust

Check 的要点：检查精确度和速度

⚱ 四个调整方案飞跃性提升 PDCA 的精确度——（4）Adjust

一般而言，PDCA 中的 A 是指 Action。但 Action 容易与 Do 混淆，因此，在我的 PDCA 中，把 A 定义为 Adjust（以下简称为 A）。在这一点上，我效仿了帕斯卡·丹尼斯［因精益生产方式（Lean Production）而知名］。

经过 C 阶段后，我们要对发现的问题做出有效应对，于是进入了 A 阶段。在这个阶段，我认为存在四种调整方案：

（1）目标层面的调整

（2）计划层面的大幅调整

（3）解决方案、行动层面的调整

（4）不需要调整

所谓目标层面的调整，就是根据 C 的结果，对目标本身加以变更，或者对实现目标的期限做出修改。这种情况下，当前正在执行的 PDCA 有可能需要中止，然后根据新的目标执行新的 PDCA 循环。

另外，在朝着当前目标努力的过程中，我们还可能发现新的目标。比如，您最近的一个目标是攒 50 万日元，但在攒钱过程中您发现考取一个职业资格证，可以提高工资，可以更快实现目标。于是，您在攒钱的同时又有了一个新目标——考取职业资格证。于是，您还要为考取职业资格证执行新的 PDCA。也就是说，在执行一个 PDCA 的时候，往往会引出新的 PDCA。

计划层面的大幅调整，一般是指在执行 PDCA 的过程中，遇到了明显的问题，或者说情况没有按预期发展，所以要做出大幅调整。举个例子，为了存钱，您已经把每月参加聚餐的次数控制在一次以内了，但发现存款并没有明显增加。于是，您不得不把参加聚餐的频率进一步降低，比如 3 个月才能参加一次。改变计划往往给我们的生活带来诸多不便，但为了实现目标，我们也要克制、忍耐。

接下来是解决方案、行动层面的调整，这是指对 D 的微调。在这个层面的调整，虽然 P 没有变化，但可能会根据实际情况对具体任务的优先顺序进行调整，或者对行动方法加以改变，让情况朝更好的方向发展。当我们的 PDCA 执行了几个循环之后，其精确度就会越来越高。到这个阶段基本上已经不需要大幅调整了，只要根据情况进行微调即可。

最后是不需要调整的方案，这个好理解，就是所有情况进展得很顺利，没有必要做任何改变。一提到 PDCA，大家容易认为一个循环必须由四个步骤组成，C 之后必须进行 A，但实际上，如果情况发展得很顺利，就没有必要进行调整了，可以省略 A 这个步骤，然后迅速进入下一个 PDCA 循环。

高效 PDCA 的要点总结

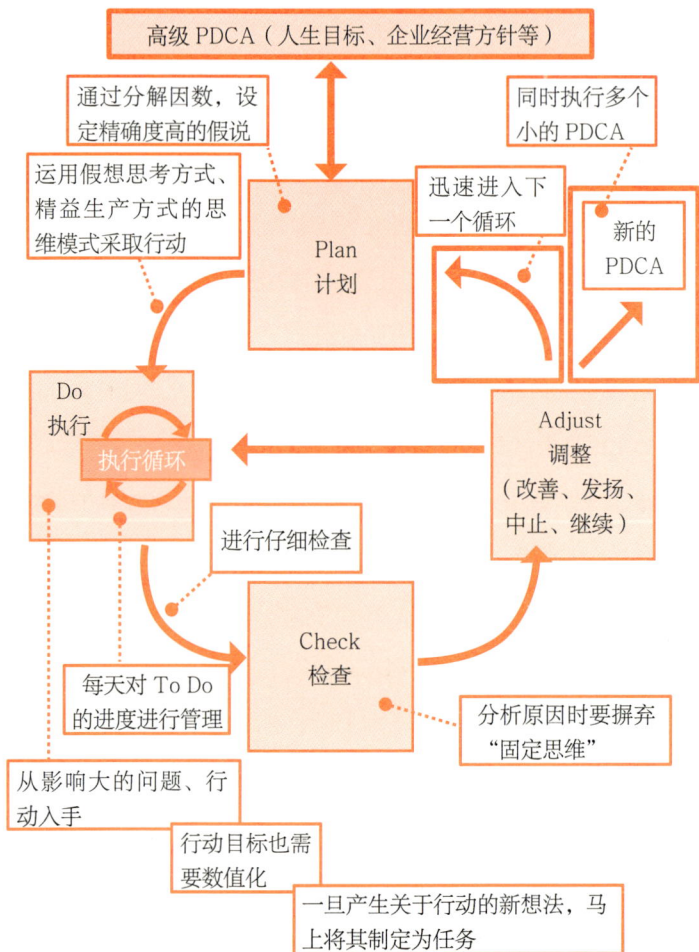

高级 PDCA（人生目标、企业经营方针等）

通过分解因数，设定精确度高的假说

同时执行多个小的 PDCA

运用假想思考方式、精益生产方式的思维模式采取行动

迅速进入下一个循环

新的 PDCA

Plan 计划

Do 执行

执行循环

Adjust 调整（改善、发扬、中止、继续）

进行仔细检查

Check 检查

每天对 To Do 的进度进行管理

分析原因时要摒弃"固定思维"

从影响大的问题、行动入手

行动目标也需要数值化

一旦产生关于行动的新想法，马上将其制定为任务

摘自：《高效 PDCA 工作术》

◈ PDCA 的分级与自信

一听说"执行 PDCA 循环",很多朋友可能认为只执行高级 PDCA 循环即可。但实际上,所有的高级 PDCA 循环,下面又包含细分的中级 PDCA 循环,以及进一步细分的低级 PDCA 循环。

现实操作中,**与高级 PDCA 循环相比,把更多的精力投入影响力大的小 PDCA 循环中,并扎实地实现每一个小 PDCA 的目标,最终更容易取得成功**。

不过,也不能忽视了小 PDCA 循环与大、中 PDCA 循环的相关性、联动性,否则的话,我们容易变成"近视眼",只看眼前,而忽视了大方向。

我们要把大 PDCA 循环细分成中 PDCA 循环、小 PDCA 循环,同时,建立长期 PDCA 循环、中期 PDCA 循环和短期 PDCA 循环的意识。这样就可以防止"看不清方向而无法行动""满足于眼前结果"等"近视眼"情况的发生。

我们要根据 30 年的 PDCA 循环确定 10 年的 PDCA 循环,根据 10 年的 PDCA 循环确定 3 年的 PDCA 循环,再根据 3 年的 PDCA 循环确定 1 年的 PDCA 循环……

把大中小、长中短 PDCA 循环结合起来运转，最终一定能帮我们收获丰硕的果实。

高效 PDCA 循环分为若干层级

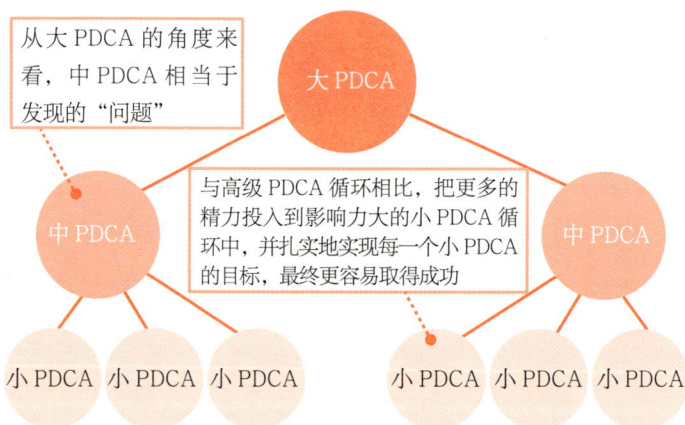

从大 PDCA 的角度来看，中 PDCA 相当于发现的"问题"

大 PDCA

中 PDCA

与高级 PDCA 循环相比，把更多的精力投入到影响力大的小 PDCA 循环中，并扎实地实现每一个小 PDCA 的目标，最终更容易取得成功

中 PDCA

小 PDCA　小 PDCA　小 PDCA　　　小 PDCA　小 PDCA　小 PDCA

摘自：《高效 PDCA 工作术》

在计划层面，我们通过缜密思考设定了很多 To Do，一个个攻破这些小任务，实际是很有成就感的事情。这和玩 RPG（角色扮演游戏）时的"升级"有异曲同工之妙。

To Do 也好，游戏中的升级也罢，真正执行起来，可能都是比较单调的操作。但是，只要事先明确了行动的目的，在行动过程中就不会迷失。而且，当我们心里清楚完成这些任务之后就一定会前进或升级，也就有利于我们坚持下去。

在执行 PDCA 循环的时候，其实我们心中是有一个前提的，即"我所做的一切都有意义"，这样一来，我们每天都能过得很充实，而且充满了自信。人如果失去自信的话，那么在碰壁之前就会停滞不前。反之，如果能体验到每天取得一点小成就的自信，就能快乐地挑战下去，遇到困难也不会停下来。

日本足球队球星本田圭佑曾经说过这样一番话：

"自信，对我来说就是希望。当没有自信的时候，我就看不见希望之光。每个人都会遇到低谷，那个时候难免彷徨无奈。这个时候，就比谁更自信。相信自己，才有希望走出低谷。"（NHK 特别节目《行家本色》）

执行 PDCA 循环的一个附属作用就是让我们不容易碰壁。即使不小心碰了壁，也能及时发现问题所在，尽早把问题扼杀在萌芽中。而且，执行 PDCA 循环还能让我们坚定地向前进，这样，在一个接一个的小成功之中，我们也获得了无比的信心。

▶ 让 PDCA 快速、深度运转的"分解因数"

PDCA 循环运转得越快、越深入，我们实现目标的过程越短。

在计划阶段我们设定了目标，并为实现目标假想了合适的实施方案，在执行的过程中，我们通过检查、调整，不断朝目标推进。如果用开车比喻这个过程的话，我觉得可以称为"假想开车"。如果假想方案的精确度很高，就可以最大限度地避免车祸的发生，踩下油门踏板，就能以最快的速度到达终点。

也就是说，要想让 PDCA 循环高速运转起来，精确度高的假想方案必不可少。

而提高假想方案精确度的方法是"分解因数"。简单地讲，就是把构成"目标"和"现状"的种种要素都罗列出来。说到"分解因数"，可能学文科出身的读者朋友会有一定的抵触心理，换种说法，其实"分解因数"和"逻辑树"很像。

举例来说，假设您的目标是"成为一个好的上司"。如果立刻问自己"怎样才能成为一个好上司呢"，可能一时无法给出答案。这时我们暂时不要急于寻找答案，而应该对"好上司"进行分解因数操作。"好上司"从大的方面看，可以分为两个要素：第一，"拥有出众的人格魅力"；第二，"拥有出众的工作能力"。

关于"出众的工作能力"，又可以分解成"领导力""人脉""地位""预见性"和"灵活性"等要素。因此，想要提高自己的工作能力，成为一名好领导，就应该从以上几个方面来提高自己。

我身体不舒服的时候，也会用分解因数的方法寻找原因和对策。下面我举个生活中的例子帮大家更好地理解分解因数。当我感到"腹部疼痛"的时候，我的头脑中会出现一幅自己身体的解剖图，对各个器官进行剖析。比如，"这次是上腹疼，可能是胃出了问题""下腹疼，多半是肠子不太好""肝区疼，估计是最近喝酒过量了"……分析出原因，就可以确定具体对策了。该上医院上医院，该少喝酒就少喝酒。

通过分解因数，我们可以更具象地把焦点放在个别事件上，这样便能更加清晰地发现问题，也有利于找到最合适的应对方法。这样，不仅提高了 PDCA 的运转速度，也提高了 PDCA 的精确度。同样的道理，利润表（P/L）和资产负债表（B/S）中的各个项目，也可以看作被具体分解出来的因数。

除此之外，分解因数还有"防止漏掉问题""容易发现瓶颈"等作用。另外，**分解因数另一个不容易被人察觉的巨大好处就是"不管多大的目标，只要细分成小的具体要素，就让人感觉更容易实现"**，这是一种不可忽视的心理作用。

比如，如果您的目标是"想成为有钱人"，如果真有这么一个又大又空的想法，那它永远也不能落地。但如果对这个目标进行分解因数操作，找到具体方法，人就能鼓起行动的勇气和干劲。执行的 PDCA 循环越大，对分解因数能力的要求越高。

"分解因数"的例子

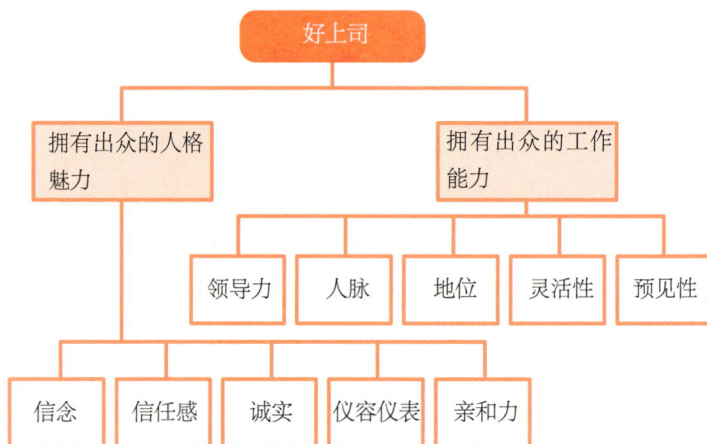

好上司

拥有出众的人格魅力

拥有出众的工作能力

领导力　人脉　地位　灵活性　预见性

信念　信任感　诚实　仪容仪表　亲和力

▶ 运转 PDCA 后，您会发现无数的赚钱选项

在 PDCA 的 P 阶段，现状和目标之间肯定横着一条"鸿沟"。我们不能让这条鸿沟模糊地横在眼前，而应该对其进行量化分析，并设想填平这条鸿沟应该采取的措施。这个过程会贯穿从 P 到 D 的阶段。

举例来说，假设您的目标是"存 500 万日元"，但这个目标只停留在数字的话，难以迈出第一步。您还应该分析为了存到 500 万日元，是该增加利润表（P/L）中的收益呢，还是该减少费用呢？抑或是该增加收益和减少费用同时进行，开源节流呢？把这个问题分析清楚，便可以制订详细的行动计划了。

如果您手头已经有一笔钱，那就不该让它躺着睡大觉，而应该考虑进行投资，为增加利润表（P/L）上的收益做贡献。

如果您发现所有方法都实施后也难以存到 500 万日元，而短期内又需要 500 万日元使用的话，就要考虑到金融机构进行融资了。而为了能融到资，还需要了解金融机构的审查条件，要对自己的状态进行调整，以满足金融机构的审查条件。

如果您的薪水比较固定，难以大幅提高，可以想办法在工作中

做出突出成绩，以获得较多的奖金。如果您的业绩提成占收入的比例较多，那就努力干出更出色的业绩，以提高提成收入。另外，如果您在一家公司里的收入有限，也可以考虑用业余时间做些兼职工作，挣更多的钱。

如果您考虑跳槽的话，那么就要付出很多的时间成本，比如要寻找目标公司、说服家人、考察新公司内外的人际关系情况、工作强度、精神负担等。为此而花费的时间成本是万万不可小视的。如果跳槽到新公司之后，所获得的回报高于这个时间成本，则可以跳槽。否则的话，还是留在原公司比较好。在原公司里想提高收入，那就想办法提高自身能力，做出更出色的业绩。

在运转 PDCA 循环的过程中，**最糟糕的情况就是在离目标不远的地方停止了 PDCA，放弃继续努力**。为了防止这种情况的发生，我们应该让每一个 PDCA 都高速运转起来。

▶ 运转"金钱 PDCA"的三个视点

关于利润表（P/L）和资产负债表（B/S）我已经在第 1 章为大家进行了集中讲解。

大家已经了解利润表（P/L）和资产负债表（B/S）的概念，而且也知道这两个财务报表其实也是对个人资产的数值化表示，其中的项目也是分解因数的结果。从这个角度来说，利润表（P/L）和资产负债表（B/S）的思维方式和 PDCA 思维方式非常相似。抱着这个意识，我们再来探讨利润表（P/L）和资产负债表（B/S）的活用方法。

当我们借由利润表（P/L）和资产负债表（B/S）的概念来思考人生设计问题时，您就会发现我们会自然而然地根据设定的目标逆推思考问题。 在运行 PDCA 循环的过程中，分解因数做得越细致，就越容易发现问题、找到对策。而利润表（P/L）和资产负债表（B/S）中的各个项目，也正是对个人整体财务状况做分解因数的结果，所以，在赚钱方面，PDCA 循环正好可以发挥极大的作用。

在进入具体操作阶段之前，我先给大家介绍一下关于金钱 PDCA 的重要框架。

为了实现自己设定的目标，我们在扎实、高速运转 PDCA 循环的同时，还必须弄清楚以下三个问题：

（1）人力资本的可能性；

（2）时间资本的可能性；

（3）金融资本的可能性。

人力资本的可能性，是指自己是否具备实现既定目标的能力。具体来说，包括知识、技能、健康、人脉、信用等方面的可能性。

举个具体的例子，假设您"为了取得 MBA 学位打算去外国留学"，这个时候首先就要考虑一个人力资本的问题，那就是您的英语水平如何？能不能在留学英语考试中合格？也就是说，人力资本中的知识、技术是一个巨大的瓶颈。

时间资本的可能性，是指为了实现既定目标，我们能不能确保足够的时间去努力。

还拿考 MBA 学位为例，在这个例子中，关于时间资本的问题是"要去留学能不能跟公司请长假""家人或恋人是否支持我们"。如果以您的现状无法保证充足的时间去海外留学，那可以看公司有没有员工留学制度，如果有，可以加以利用；如果没有，就可以考虑跳槽或辞职，以便确保留学时间。

金融资本的可能性，是指为了实现目标，我们要看自己的资金是否足够。如果您打算自费出国留学考取 MBA 学位，那就要看自己是否有充足的学费和生活费。资金不足的话，就得想想办法了。

为了积累留学资金，可以租更便宜的房子，或者把汽车等财物卖出变现。

从以上三个视点出发运转 PDCA 循环，我们就可以朝着目标大步前进。

本书所介绍的"金钱 PDCA"特别加入了"金融资本的可能性"。而在拙作《高效 PDCA 工作术》中，为了防止内容过于复杂，把"金钱 PDCA"这部分省略了。但在那本书中，我也从人力资本的可能性和时间资本的可能性两个视点出发，讲述了运行 PDCA 的技巧。

▶ 从金融资本看，有实现目标的可能性吗？

为了实现目标，我们的资金（金融资本）足够吗？这个问题是运转 PDCA 循环的一个重点。

从赚钱的角度出发运转 PDCA 循环，就需要活用利润表（P/L）和资产负债表（B/S）。接下来我就给大家详细讲解如何灵活运用两个个人版财务报表来实现目标。为了更加形象生动，我将采取案例学习法，在分析具体案例的过程中，教大家具体操作方法。

现在有一位 27 岁的男青年小林（化名），他在一家大企业工作，年收入 500 万日元左右。小林的利润表（P/L）和资产负债表（B/S）如第 106 页和 107 页图所示。

严格来讲，薪水和奖金应该分开来计，但为方便起见，我们这里就合计为 500 万日元了。作为一名 27 岁的男青年，在当今的日本社会，能有利息收入、股票分红收入、不动产收入的例子还是非常少的，所以在这里没有计入上述收入。

我们来看看小林的费用支出。先来看伙食费，假设一天需要 2000 日元，那么 30 天 ×12 个月，年度合计 72 万日元左右。

而且这 72 万日元是固定伙食费，不包含和朋友聚餐、聚会的餐饮费，那部分作为社交费单独计入。为什么要分开计？因为一日三餐的费用和社交费的用途差异很大。

接下来是房租，假设每月需要7万日元，那么一年是84万日元。

税金也是一笔不小的支出，个人所得税加居民税，一年是52.5万日元。另外，一年还要缴纳社会保险金56.5万日元。

除了以上费用之外，一个年轻人每年还会支出婚丧嫁娶礼金、社交费、交通费（旅行等）、服装费等。这一部分费用有比较大的弹性，可以通过减少这部分支出来改善利润表（P/L）和资产负债表（B/S）的内容。

其中尤其应该注意的是社交费。喜欢喝酒的人，每次和朋友出去聚餐，AA制的话，一个人至少也得1万～2万日元。一个月多聚餐几次，支出还是相当大的。如果是男性，为了交到女朋友，或者有了女朋友之后，社交费的支出会更多。社交费的多少因人而异，不过这部分费用是应该控制的重点。在小林的利润表（P/L）中，我暂且没有给社交费计入准确数字。

婚丧嫁娶的礼金，按照小林的年龄，周围朋友结婚生子的应该不在少数，所以每年的礼金我给出的预算为15万日元。有的时候，还会遇到外地朋友结婚的情况，小林要赶到外地参加婚礼，即使对方给出"路费"，去外地一趟多少还是要产生一些费用。

前面计入的伙食费、房租、税金、社保金、婚丧嫁娶礼金，对小林来说合计为280万日元。那么年收入500万日元的小林，每年手里还剩 220 万日元。如何使用这 220 万日元，人与人的差异是很大的。

小林的利润表（P/L）和资产负债表（B/S）

P/L 利润表

费用	收益
伙食费 72 万日元 房租 84 万日元 个人所得税和居民税 52.5 万日元 社会保险金 56.5 万日元 婚丧嫁娶礼金 15 万日元 社交费、交通费、服装费等合计 280 万日元	薪水 500 万日元
利润 220 万日元	

打算 30 岁的时候去海外留学

220 万日元 × 3 年 = 660 万日元

B/S 资产负债表

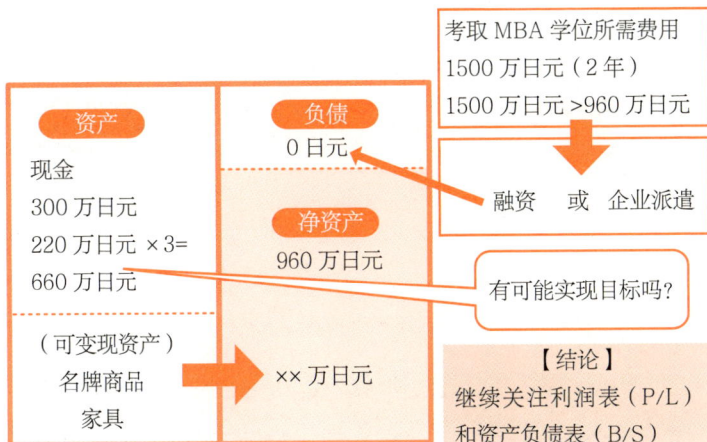

考取 MBA 学位所需费用
1500 万日元（2 年）
1500 万日元 >960 万日元

资产	负债
现金 300 万日元 220 万日元 ×3= 660 万日元	0 日元
	净资产 960 万日元
（可变现资产） 名牌商品 家具	×× 万日元

融资　或　企业派遣

有可能实现目标吗?

【结论】
继续关注利润表（P/L）
和资产负债表（B/S）

▶ 要想获取海外 MBA 学位，需要满足的三项资本

我们继续讲小林的例子。

年收入 500 万日元的 27 岁男青年小林，计划 3 年后，在自己 30 岁的时候去海外留学攻读 MBA 学位。根据小林的利润表（P/L）和资产负债表（B/S），为了在 3 年内准备好充足的留学费用，他该怎么做呢？

我们先把小林的目标——"3 年后去海外留学攻读 MBA 学位"代入前一小节讲的框架中，然后进行整理。

"人力资本的可能性"，主要是指小林是否具备考取海外大学的能力。另外，如果他的最终目标是获得 MBA 学位，那么还要看他是否能在海外的大学顺利毕业。

特别是海外大学的入学考试，这是第一道门槛。为了迈过这道门槛，他需要准备 TOEFL、GMAT（经企管理研究生入学考试）考试，还要找人写推荐信及准备面试。在准备阶段，小林可以运行 PDCA 循环来帮助自己实现阶段性目标。

在这个阶段，有一点我想提醒大家注意：在考入理想的海外大

学之前，可能要支出各种各样的费用，一定要有所准备。只有考上海外大学，才有可能支付学费和生活费，但之前首先要通过入学考试。除了英语水平 TOEFL 考试要合格外，还要通过 GMAT 学力考试。

为了通过入学考试，肯定要进行复习。有能力和基础的人当然可以自学，但这样的"学霸"少之又少，一般人都要进入留学预备学校学习，这笔学费也不少。即使自学，也要花钱买教材、复习资料。

另外，选择理想的海外大学，去当地考察是最好的选择。如果是欧美学校，5 天的大学参观旅行，至少要花费 20 万 ~ 25 万日元。您的英语推荐信要请欧美人进行校对、检查的话，还需要支付一笔费用。

现在部分海外大学的面试可以通过网络在线进行，但只有面对面的沟通才更有利于展现自己，所以大部分人在面试的时候还要专程去一趟海外大学。

由此可见，考取海外大学，会花费不少钱。

顺便说一下，为了考取海外大学所花的费用，也是 PDCA 循环的一部分。换句话说，在运转人力资本 PDCA 的过程中，是需要花钱的。但这个阶段所花的钱，和考取 MBA 学位在金钱方面的可能性，还不是一个层面的问题。考取 MBA 学位在金钱方面的可能性，只是指考上海外大学后所需的学费和生活费。

为了实现目标，我们在提高自己人力资本所运行的 PDCA 循环中，也是需要花钱的。为了在 TOEFL 和 GMAT 考试中得高分，除了基础知识之外，还需要掌握一定的考试技巧。而这个技巧，大多在留学预备学校中才能学到。去留学预备学校学习虽然要花钱，但能提高考试的成功率，还能节省备考时间。

接下来是"时间资本的可能性"，简单地说，就是小林有没有时间去海外留学。小林在一家大企业工作，一般的大企业都有派遣员工去海外留学的制度，如果小林符合公司派遣留学的条件，那自然可以保证留学的时间。但是，企业派遣员工去海外留学，也是要经过精挑细选的，虽然申请的人很多，但最终能符合条件的非常少。如果小林没法获得公司的派遣名额，那只有考虑辞职或停职了。所以，如何确保两年的留学时间，是一个必须解决的硬性问题，没有时间，再有钱也无法实现目标。

"金融资本的可能性"，就是为了"3年后攒够去海外留学的1500万日元的学费和生活费"而运行 PDCA 循环。为此，应该对自己的利润表（P/L）和资产负债表（B/S）中的内容加以改善。具体地说，就是对资产负债表（B/S）施加杠杆作用，以增加利润表（P/L）中的数字。

从下一小节开始，我会给大家做更详细的分解介绍。

为考取 MBA 学位，应从三个方面进行准备

目标：

3年后，为考取MBA学位，去外国留学

- **（1）人力资本的可能性**
  - 能否考上海外大学
    - TOEFL
    - GMAT
    - 推荐信、面试准备
  - 能否毕业
    - 修够学分
    - 论文过关

- **（2）时间资本的可能性**
  - 能否从公司请假
  - 家人是否支持

- **（3）金融资本的可能性**
  - 利润表中的可能性
    - 收入能否提高
      - 加薪
      - 跳槽
      - 贷款
    - 费用能否减少
      - 固定费用
      - 变动费用
  - 资产负债表中的可能性
    - 固定资产
      - 卖掉手表
      - 卖掉名牌商品
    - 流动资产
      - 外汇投资
      - 股票投资

这里就是金钱的PDCA

💨 钱怎么都不够，梦想就此作罢吗？

我们先来看小林的利润表（P/L），他的年收入减去每年的必要支出（伙食费、房租、税金、社会保险金、婚丧嫁娶礼金），还剩 220 万日元。

如果打算 30 岁去海外留学，还有 3 年时间可以用来准备。按照现在的生活状态，未来 3 年还能多攒出 220×3=660 万日元。而留学 2 年至少需要 1500 万日元，还是有很大差距的。

我们再来看小林的资产负债表（B/S）。

小林目前单身，没有房子也没有车，所以也没有贷款。他 23 岁大学毕业，工作至今已经 4 年，省吃俭用目前手头有 300 万日元的存款。

小林还有一些名牌商品和家具可以卖出变现。另外，就是每年还有 220 万日元的现金可以累计入总资产中。

不过，如果小林的社交活动比较多而且经常旅行的话，支出增加了，那么净资产部分就会相应减少。另外，人在年轻的时候，净资产的大部分都是留存收益，就是他每年省吃俭用攒下来的存款。

假设，小林的社交费和旅行费支出非常少，每年都能把攒下的 220 万日元计入净资产中，那么，3 年后他的总资产就可以达到 960 万日元（300 万日元存款 + 660 万日元）。

像这样对小林的财务状况进行详细分解，更有利于帮助他制定新的理财战略。我把利润表（P/L）和资产负债表（B/S）的概念引入个人理财的原因，就是为了方便制定更合适的理财战略。

回到现实中，要想让一个年轻人完全不和人交往、不旅行，是不太可能的。所以，小林每年并不能攒下 220 万日元。于是，就需要为小林制定新的理财战略。从 PDCA 循环的角度来看，这就是在实施 A（调整）。请大家思考一下，有什么好办法能帮小林吗？

我们再分析一下小林的现实情况。

考取海外的 MBA 学位，要是去欧美国家留学的话，学费加生活费，两年时间至少需要 1500 万日元。可是，以小林的现状来看，不管他怎么努力，3 年后他最多也只能存到 960 万日元。所以，去海外留学对小林来说似乎是一个不可能实现的目标。

小林冷静地分析了现状之后，也感觉困难重重。是该放弃留学的理想呢，还是会有奇迹出现呢？如果无论如何都不想放弃理想的话，**小林必须在 3 年之内填平 960 万日元和 1500 万日元之间的鸿沟。**

▶ 越早采取行动，投资回收期就越长

我要帮小林考虑对策融资，但有一个前提，必须明确留学这项投资是值得的，未来一定能够收回成本才行。这里所说的融资就是贷款，让小林的资产负债表（B/S）中负债一栏不再是零。

还有一个选项可以考虑，有的企业会派遣员工出国留学，并提供学费和生活费。从省钱的角度来看，很多人认为这是一个最佳选择。

但公司派遣员工出国留学，事先多会与员工签订协议，要求员工在学成归国后，5 年之内不许辞职。如果员工回国后 5 年之内辞职的话，需要向公司缴纳一笔赔偿金。具体金额是 1500 万日元－300 万日元 × 回国后在公司工作年数。换个角度讲，就好比公司用 5 年时间对派遣员工出国留学的费用进行折旧处理。而且，员工学成归国后再回到公司工作，奖金一般会下调 2 ~ 3 个等级。相当于公司把提供给员工留学的费用从他的奖金中扣除了。

学成回国后，如果员工马上辞职的话，就需要向公司支付1500 万日元的违约金。感觉就像先向公司借钱读书，学成后再还给公司一样。不过换一个角度看，这种做法相当于从公司获得了

1500 万日元的无利息贷款，还是很划算的。

还有一些企业在员工留学前的准备期，允许员工利用部分工作时间进行学习。

我个人认为，对年轻人来说，提高自身的能力更为重要。所以，如果有重要的学习机会降临在自己头上的话，即使借钱也要去学。其中的理由非常简单，**投资做得越早，日后持续获得收益的时间就越长**。因为人的生命是有限的，每过一天，生命就少一天。我建议 20 ~ 35 岁的年轻人，与努力积累留存收益（净资产）相比，更应该重视现金流。

这样看来，拿小林来说，他应该在省吃俭用继续攒钱的同时，还可以考虑融资或公司派遣的方式来实现出国留学的目标。

不过，融资的话，如果贷款利率超过 5% 就要仔细考虑一下了。因为较高的贷款利率会带来很大的还款压力。所以，融资不一定适合所有人。

不管怎么说，在判断是否应该贷款的时候，要看这项投资在日后的回报能否高于贷款利息。为此，我们应该时刻让自己的利润表（P/L）和资产负债表（B/S）处于可视化状态，并且随时把握自己的财务状况。做到心中有数，才能无往而不胜。

≫ 厉行节约，改善利润表（P/L）立竿见影

如果小林不想融资，决心自力更生存钱留学的话，那就必须改善自己的利润表（P/L）。

改善利润表（P/L），最先考虑的应该是"开源"，即增加收入。比如做兼职，在下班后的业余时间，通过兼职打工，付出自己的时间、体力、脑力等，就可以获得一笔不菲的收入。如果能用业余时间做英语导游或英语翻译的工作，那不仅能挣"外快"，还能锻炼自己的英语能力，这种一举两得的好事一定不能错过。

如果做副业不现实的话，也可以选择跳槽到工资更高的公司去。当然，把更多的精力投入现在的工作，赢取更多奖金的方法也是应该考虑的。尤其是有业绩提成制度或股权激励制度的公司，员工只要努力工作做出成绩，就能获得很高的回报。

要想改善自己的利润表（P/L），马上就能见到效果的方法还是抑制费用的支出。没有比这更快、更有效的方法了。只要厉行节俭，每天都能看到效果。

比如，今天想买一套新衣服，但如果能控制住这个欲望，马上就能在利润表（P/L）中反映出来。而且，勤俭节约少花钱，谁都

可以做到。

再举个例子，小林现在租房住，每月 7 万日元的租金，他可以考虑搬到租金更低的房子去住。减少的租金，就相当于每月自动储蓄了。

如果父母家到公司的通勤时间在可接受范围内的话，不如下定决心搬回父母家住。这样一来，虽然每月要给父母上交 2 万～3 万日元的生活费，但与 7 万日元的租金相比，还能节省出 4 万～5 万日元呢。一年下来，就可以多攒出 48 万～60 万日元。可现实中，很多年轻人虽然可以这样做，但出于种种原因就是不愿和父母一起住。不过要从攒钱实现梦想的角度出发，还是应该考虑一下这个办法。

还有一个办法就是与朋友合租。如果能凑到 4 个人，每人每月出 4 万日元的话，那么总共可以凑到 16 万日元。16 万日元在日本还是能租到很宽敞的房子的。

在我的公司里，就有年轻的员工 3 个人合租，每月一共 15 万日元，我看他们住得挺开心的。而且，我们公司还会为租房的员工提供房租补助，每人每月 3 万日元，所以他们 3 个每人每月实际支出的房租只有 2 万日元左右。仅仅是这一项，他们每人每年就可以节约出几十万日元。还有的人每月花 25 万日元租一个三居室的房子，自己住一间，然后把另外两间作为民宿零租给游客。零租的收入大约为 20 万日元。结果他每月实际支付的房租只有 5 万日元。

如果遇到说英语的外国游客租房，还可以和他们练习英语口语。

现在还有的房东允许租客用信用卡支付房租，找到这样的房子，也可以节省一部分房租。因为使用信用卡支付，可以获得积分或返点，用积累的积分换取日常生活用品，也可以节约不少钱。

假设每月 7 万日元的房租，一年是 84 万日元，如果都用信用卡支付的话，每年获得的积分还是很可观的。积分可以在超市、便利店购物时使用，如果都用来买食品，就可以减少伙食费的支出。同样，水电费、网络费等也可以使用信用卡支付。

虽然信用卡的积分相对支出来说微乎其微，但 1%、2% 积累多了，也可以达到 10%、20% 的节约效果。换言之，就是 10%、20% 的收益，所以千万不要瞧不起信用卡的积分。不积跬步，无以至千里，在理财的路上，积少成多是一个基本理念。

还有一个节约开支的方法可能很多朋友都想到了，那就是自己做饭。但是，对单身朋友来说，考虑到食材费、水电费及花费的时间，自己做饭实际的节约效果并不太好。

假设中午在外面餐馆吃一顿饭需要花 600 日元，而自己做盒饭带到公司吃只需 300 日元。每天节约 300 日元，可是一个月算下来最多也就节约 6000 日元（300 日元 ×20 天）。6000 日元微不足道，而且还要花时间做盒饭，结果就有点得不偿失了。从"嘴里抠钱"，必定会影响身体健康，所以不建议过分节约伙食费。如果损害了健康，上医院看病可能要花更多的钱。

▶ 难以抵抗各种诱惑，便会造成大量的"社交费"

有一项费用是非常难控制的，那就是社交费。对 20 多岁的年轻职员来说，身边肯定有很多单身的同事、朋友，被邀请出去一起吃饭、玩耍的机会必定会非常多。如果来者不拒，那最后多半要成"月光族"。所以，对于同事、朋友的玩乐邀约，一定要仔细甄别，没有必要去的一定要果断拒绝。

朋友的邀约还好说，最难拒绝的是同事的邀约。现在的上班族白天都很辛苦，有时还要加班到很晚。为了放松身心，下班后三五同事经常会约到一起喝酒。周五晚上更是聚会的"黄金时间"。和同事、朋友交际当然很重要，但要是每周都要聚会的话，那恐怕就要离我们自己的目标越来越远了。

对于频繁的社交，一个应对策略就是给自己制定一个规则，然后严格遵守。比如，"公司举办的重大活动必须参加，同事之间的个别邀约，每两个月参加一次即可"。

可能有朋友会觉得两个月才和同事聚一次，是不是太少了，会不会让同事感觉自己不合群呢？但我们计算一下，公司每年要举办年终总结大会、新年会，有新同事来科室要组织迎新会，有老同事走科室还要组织送别会。再两个月参加一次同事聚会，已经足够了。总而言之，**如果能减少聚会次数，就能为自己节省大量的金钱和时间**。

我年轻的时候收到的聚会邀约也很多，有的时候不好意思拒绝，就为此花费了很多金钱和时间。但当我决定要去海外留学之后，就开始严格控制自己参加聚会的次数，只有那些对我搜集留学信息有帮助的聚会我才会参加，其他的一概拒绝。

话虽如此，我在准备海外大学入学考试的时候非常辛苦，每当公司工作告一段落，我就想和同事、朋友一起出去喝几杯，放松一下。外界的邀约不好拒绝，自己内心的欲望就更难控制了，但我还是咬牙挺住了，一次两次之后，欲望就没那么强烈了。我又能集中精力在学习上了。

抵御诱惑、控制欲望，我还是有很多小窍门的。比如，我尽量把留学预备学校的课程安排在周六早上第一节课。这样一来，周五晚上我自己想去喝酒的欲望自然就会得到抑制。因为周五晚上必须完成预备学校的作业，而且第二天早晨又要早起去上课，自然不敢晚睡了。适度的压力对于控制欲望确实十分有效。

当然，为了自己的精神健康和维护人际关系，偶尔还是有必要参加聚会的。大家可能都有这样的体验，朋友们在餐厅喝得很高兴后，又想去酒吧再喝几杯，从酒吧出来还要去卡拉 OK 开心一下。当时的我，参加聚会时都会给手机设定一个闹铃，闹铃响起时还会显示：明天早晨要去上课。而且每隔一小时闹铃就会响一次。这样就可以防止我再喝第二波、第三波。

身边的朋友看到我为了理想如此努力，也不会拖我的后腿，一般喝完一波之后就"放"我回家了，还会鼓励我两句："加油啊！也别太辛苦了。"得益于我的自律，才能保证充足的学习时间，也节省出了留学的费用。

虽说准备出国留学的阶段非常辛苦、寂寞，但现在回想起来，一切都是值得的。我不但实现了自己的目标，出国留学增长的学识、能力，也让我体会到了只要下定决心，没有做不成的事！

⚛ 什么是"真正意义上的节约"？

合理规划财产，控制税金，也是改善利润表（P/L）的一个方法。我们通过努力工作增加了收入，通过股票投资赚取了收益，增加的部分都是要交税的；**但削减的成本部分，是不需要交税的**。

举例来说，如果您的应税收入提高了10%，那么提高的那10%也得交税。反之，如果应税收入减少了10%，那么应缴纳的税金也相应减少10%。所以，如果收入提高后，可以进行不动产投资，不动产的折旧可以冲减收入，以降低应交税金。

合理规划税金的一个例子

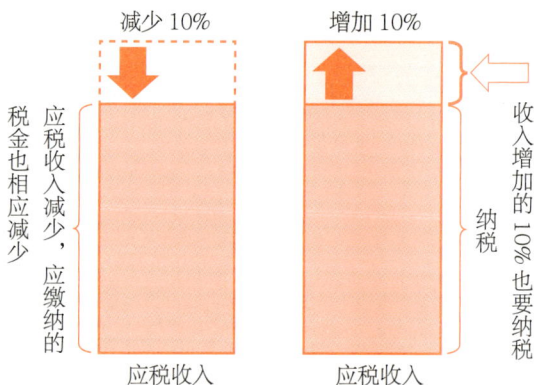

减少 10%　　增加 10%

税金也相应减少
应税收入减少，应缴纳的

收入增加的10%也要纳税

纳税

应税收入　　　应税收入

为了增加净资产而一味努力赚取更多的收入，也会造成税金的增加，所以这并不是一条最划算的路。保持当前的收入，尽量减少支出，是更有效率的存钱方式。增加收入和减少支出应该综合起来考虑。

在日本，个人所得税（含居民税及其他附加税）的最高税率可以达到55%，但对金融所得的征税率一律为20.315%。由此可见，当一个人的收入超过一定金额（最高征税额）时，**应该更多地进行金融投资。因为金融投资所得应该缴纳的税金相对较少，于是就能留住更多的现金。**

在厉行节约的时候，有一点我需要提醒大家注意：那就是**"真正意义上的节约"="最大的性价比"**。

有些朋友喜欢记账，把日常生活开支精细记录到10日元单位或1日元单位。这样做看似可以严格控制支出，但实际上花费了大量的时间和精力，性价比很低。有些朋友为了攒钱，把原本500日元的午餐标准降低到200日元，结果一个月最多也就省出6000日元。可是，他们会毫不犹豫地参加朋友、同事的聚餐，一次就花上一两万日元。

在厉行节约的时候，一定要有大局观，切忌"只见树木不见森林"。虽说"不乱花一分钱"的理念非常好，但如果只把注意力放在这些细枝末节上，就会忽视更有效的节约手段，或者没有精力去思考更有效的赚钱方法。

≫ 被闲鱼改变的游戏规则

想出国留学又没有足够资金的时候，不仅要改善自己的利润表（P/L），还要考虑一下自己的资产负债表（B/S）。

比如，资产负债表（B/S）中的固定资产——汽车、手表、名牌商品等。汽车和名牌手表，可以卖出变现。第 1 章我讲过，如今，像闲鱼之类的二手物品交易市场已经非常发达。

自己所拥有的固定资产的价格，可以通过二手市场摸清，也就是说，当今的年代，任何人都可以轻松地把自己的资产变现。 在急需资金的情况下，可以通过变卖这些资产来筹集资金。不过，在这里也需要运行 PDCA 循环。

举例来说，假设您需要 100 万日元的资金，想把自己的汽车以 100 万日元的价格卖掉，可是实际到二手市场一看，您的车只能卖 70 万日元。这个时候，您该怎么办呢？不卖了？还是卖 70 万，其余的 30 万日元再另想办法？此时就需要根据自己的实际情况做判断了。

另外，考虑到资产负债表（B/S）中的流动资产，我们应该进行适度的金融投资，如股票投资。如果您手头有比较充裕的现金，为了让钱生钱，就可以投资金融产品，也可以投资到股票市场。对金融产品来说，回报高的，风险也相应较高，要寻找适合自己的产品。

✎ 很多人忽视的风险及其对策

想去海外留学的话，还有一点必须注意：那就是外汇汇率的变动——这个风险被很多人忽视。但其实汇率变动的影响比我们想象的大得多，有时甚至会逼我们改变最初的目标。

假设为了海外留学的目标，您现在有300万日元的储蓄。很多人都以为这300万日元是一个令人安心的因素。很少有人去想这300万日元有可能贬值。只要把海外留学作为目标，汇率的变动就是一个无法逃避的风险。

举例来说，小林打算去美国的大学考取MBA学位，那么，小林持有的现金就会根据美元对日元的汇率变动增值或贬值。如果日元对美元的汇率走低，那么他的300万日元也随之贬值，他留学的费用就不够了。

假设去美国留学需要15万美元（以1美元兑换100日元的汇率估计出的金额），但如果美元升值、日元贬值，现在1美元可以兑换120日元了，那么原计划的1500万日元就不够去美国留学了。在这样的汇率下，需要1800万日元才够。

为了最大限度地规避汇率变动的风险，当小林存到一定金额的现金后，应该把日元现金换成美元资产。

小林可以买 3 年期的美国国债或美国公司债。一些 3 年期的美国国债年收益率可以达到 3% ~ 4%。

如果在 1 美元兑换 100 日元的汇率下买入 3 万美元（300 万日元）的美国债券，以年收益率 3% 计，那么 3 年后小林就可以得到 3.27 万美元，也就是说获得 2700 美元的收益。但买公司债有一个风险，就是如果企业破产了，那公司债就形同废纸、不名一文了。换句话说，买公司债要背负一定的信用风险，另外还有债券价格波动的风险。

不过，公司债只要持有到期满，本金基本上是可以得到保证的。只要公司不发生什么问题（如破产），还是不会有损失的。

▶ 忘记"目的"，就会变得一团糟

设定目标之后，实现目标的方法有无数种。

为了帮大家挖脑洞，我举两个非常规的例子，让您看看实现目标的方法究竟有多么灵活。

如果您设定的目标是几年后到海外去留学，那么您可以跳槽到留学预备学校去工作。

当然，跳槽之后，您的收入可能会大幅下降，但如果能和现在的收入基本持平的话，您就应该毫不犹豫地跳槽到留学预备学校去。在留学预备学校里，可以浸润在留学的环境中，工作内容本身也有助于学习和信息收集，可谓一举两得。

而且，作为留学预备学校的员工，如果您又在学校上课的话，在学费上可以享受员工折扣，从经济上说也是非常有利的。而且，用不了多久您就能对出国留学的所有情况了如指掌。

另一个方法就是抓住公司外派的机会，直接到英语圈国家去工作。如果公司没有这样的机会，也可以想办法直接跳槽到海外的公司去。在英语环境中工作，英语能力能够得到实质性的提升，从而省去报补习班学习英语的成本，何乐而不为呢？另外，像新加坡、中国香港等英语通用的国家和地区也是工作地点的好选择。而且，这些国家和地区的个人所得税率比日本低得多，年收入较高的人又可以节省一大笔税金支出。

总而言之，我是希望大家充分发挥自己的想象力，根据自己的目标寻找多种多样的解决方案，选择其中最适合自己的付诸实施。为了实现目标，没有所谓教科书式的方案或方法，**只要能朝目标一步一步快速逼近，就是最好的方法**。

不过，在朝向目标努力的时候，大家需要注意一个问题：

为实现目标所采取的方法、手段，有时会不知不觉成为目标或目的，这一点是绝对要避免的。方法就是方法，不能让它成为目标。

顺便说一句，**目的和目标两个词很容易被大家混淆，但实际上两者存在很大的差异**。目标是对目的进行量化、具体化之后的产物。通过各种方法去实现目标，最终还是为了实现我们的目的。

具体来说，比如我们想通过海外留学的方式考取 MBA 学位，考取 MBA 学位是一个目标，但目的肯定是提升自身能力，做出更大的成就。换句话说，考取 MBA 学位是一个中间目标。

如果不能深刻领悟这个道理，在为留学积累资金的过程中，容易在不知不觉之中把赚钱、攒钱当作目的。由于留学资金的不足，我们会努力赚更多的钱、存更多的钱，但因为这是一个漫长的过程，很多人在一天天的努力工作中，淡忘了留学的目标，反而错误地把赚钱当成了自己的目的。

再举个例子，有些人原本很喜欢自己现在的工作，把从事这项工作当作自己的天职，但为了筹集到更多的资金，跳槽到自己不喜欢的职位上。我觉得这就是本末倒置了。

前面那个跳槽到留学预备学校的例子中，我原本的用意是想通过这种方式来更快地实现出国留学的目标，但如果把学习英语作为目标，就大错特错了。原本我们的目标是想通过考取 MBA 学位以后成为经营战略咨询师，但结果把考 TOEFL、GMAT 当成目标，就没有任何意义了。为了不让自己掉进这样的陷阱，我们要时常反思自己最初的目的是什么，并不断在头脑中强化这个目标。

PDCA 循环始于目标，但目标之上必定存在一个目的。在运行 PDCA 循环，尤其是金钱 PDCA 的时候，要经常想一想自己最终的目的，不要让赚钱成为目的，因为赚钱只是实现最终目标的一个手段。

面对一个目标，我们可以通过"思考问题"→"找出问题"→"思考解决方法"→"找出解决方法"→"任务化"→"可视化"的步骤，只用 10 分钟的时间找到通向目标的最佳路径。PDCA 是不是很简单？

第 **3** 章

时间可以用金钱买——
时间资本

年轻时的投资，可以获得回报的期限很长，复利也就可以发挥更大的威力。所以，不要再等待！不要再徘徊！现在开始努力，就是回报率最大的投资！

▶ 投入时间，让个人的资产负债表（B/S）最大化

在第 1 章中我讲过，要同时考虑"自己工作 / 赚钱（人力资本）"和"让钱工作 / 赚钱（金融资本）"，让自己的财务状况处于可控状态的话题。

在让人力资本和金融资本最大化的过程中，有一个不可缺少的概念——时间。大家都知道"速度 × 时间 = 距离"的公式。我把这个公式稍加变形，就得到了下一页中的公式。

如果以很快的速度移动很长的时间，那肯定可以走很远的距离，同样，**人力资本或金融资本和时间结合起来，时间越长，我们获得的金钱就越多**。

"时间"可以让人力资本和金融资本最大化

下面给大家举个简单的例子：

在日本，打零工是以时薪的形式计算薪酬的，假设时薪为1000 日元，那么每天工作 10 小时的话，一个月可以挣到 30 万日元左右的工资。如果极度减少睡眠时间，每天工作 20 小时，那每月能挣到 60 万日元左右（但实际上每天工作 20 小时是不现实的）。当然，如果时薪（单位时间的收入）更高的工作，在相同劳动时间里挣到的钱更多。

由此可见，金钱与时间有着密不可分的关系，但实际上，两者还拥有相似的性质。比如，金钱可以用来投资，可以用来消费，可以用来浪费；同样，时间也可以用来投资、消费或者浪费。

我们经常说"浪费金钱""浪费时间"之类的话。这是指**金钱、时间没有用来投资或消费，而是被白白浪费了**。反过来，要说"我花钱在○○方面，对自己进行投资"或"我花时间在△△方面，对自己进行投资"，则是指金钱和时间没有消费或浪费，而是用来投资了。

人力资本、金融资本和时间的关系

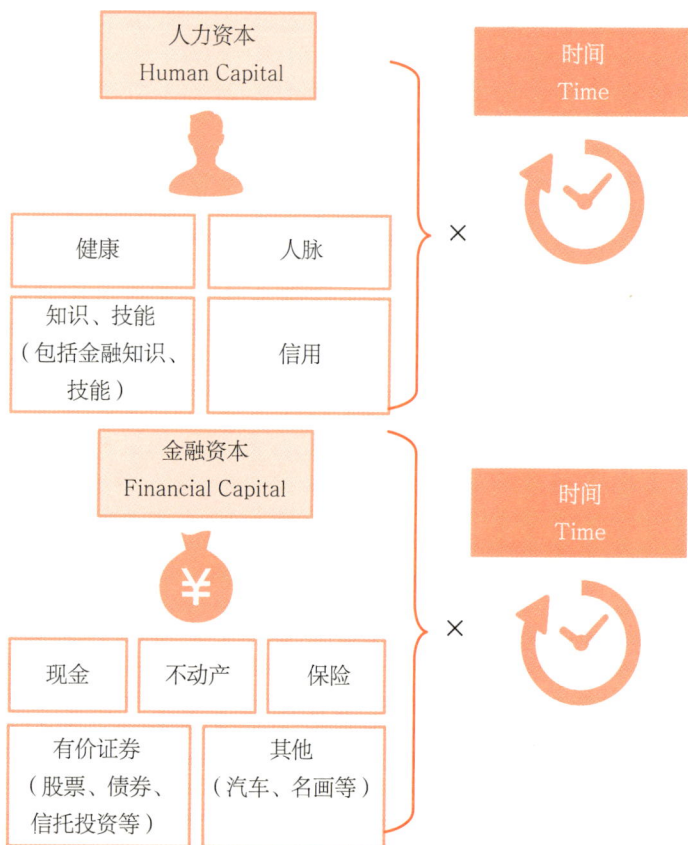

人力资本 Human Capital		时间 Time
健康	人脉	
知识、技能（包括金融知识、技能）	信用	×

金融资本 Financial Capital			时间 Time
现金	不动产	保险	
有价证券（股票、债券、信托投资等）	其他（汽车、名画等）		×

不管哪种资本，乘以时间都能获得巨大的收益

另外，金钱和时间还有成反比例的倾向。比如，我们在学生时代总感觉时间很多，但没什么钱；工作之后，有钱了，但可自由支配的时间少了。

金钱与时间成反比例关系？

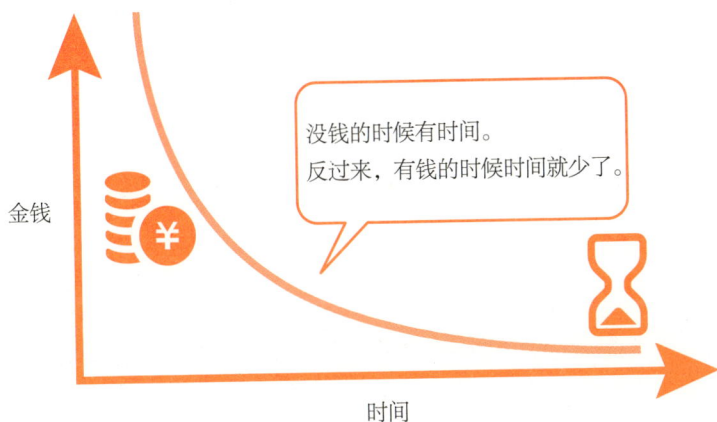

没钱的时候有时间。
反过来，有钱的时候时间就少了。

金钱

时间

另外，收入高的工作，受约束的时间就长；反之，受约束时间短的工作，收入也低。像大型广告公司、大商社、外资金融机构或经营管理咨询公司，职员的收入很高，但大家也知道，这种公司的工作时间也是相对较长的。如果把他们的薪水折算成时薪的话，可能和一般公司的时薪差不多，甚至还要低一些。他们的高薪，很多情况下是靠延长工作时间获得的。（当然，在大公司工作的一些额外好处，我在这里没有考虑。比如，在大公司工作可以提高自己的身价——说自己在某某大公司工作，会让别人对自己另眼相看。而且在大公司工作，人力资本能得到较大提高。）

另外，很多人在结婚生子之后，就放弃了曾经的梦想和目标。原因主要有两个：其一，成家之后，维持家庭生活的费用增加了；其二，陪伴家人要花去更多的时间，而用在实现梦想、目标上的时间减少了。于是，很多有家庭的人不得不放弃自己单身时的计划。

💉 金钱和时间，哪一个更重要呢？

现在日本提倡"工作生活平衡"这一理念。我认为其中的工作是指"金钱"，而生活就是指"时间"。

日本公司对于员工用业余时间从事副业也逐渐解禁，于是很多公司职员开始利用业余时间做兼职，挣更多的钱。在这样的时代背景下，我们真的应该好好思考一下工作和生活该怎样平衡了。

全球五大市场研究公司之一的德国 GfK 公司曾对 17 个国家的 2.2 万人进行过一项调查（GfK "Attitudes around materialism"）。结果显示：认为"时间比金钱重要"的人占了大多数（唯独日本人中认为"金钱比时间重要"比"时间比金钱重要"的要多一些）。大部人认为时间是不可替代的。

时间比金钱更重要吗？

	YES	NO
德国	17%	17%
法国	24%	10%
中国	41%	3%
加拿大	23%	10%
巴西	37%	15%
比利时	22%	11%
澳大利亚	21%	11%
阿根廷	32%	11%

17 国平均
31%   9%
YES   NO

	YES	NO
意大利	26%	11%
日本	11%	12%
墨西哥	30%	9%
荷兰	21%	9%
俄罗斯	23%	19%
韩国	18%	12%
西班牙	30%	7%
英国	26%	10%
美国	29%	12%

摘自：GfK "Attitudes around materialism"（2016 年）

"时间 > 金钱"的意见占大多数

日本著名漫画家手冢治虫有一部作品名叫《怪医黑杰克》。讲的是没有行医执照的天才医生黑杰克，违法收取医疗费为人们治疗各种各样疑难怪病的故事。这个故事呈现在我们面前的一个事实是，人们为了延长生命、获得更多的时间，不惜花费巨额的金钱。自古以来，就有很多人不惜付出任何代价都想长生不老。

人生活在当今这个社会上，离开金钱是寸步难行的，但时间同样重要，甚至比金钱更重要。对个人资产负债表（B/S）来说，时间就像一个杠杆，可以让我们的个人资产最大化。

改善资产负债表（B/S）**最有效的方法是对人力资本投入时间和金钱**。对知识、技能、健康、人脉、信用等投入金钱和时间，会让您的人力资本更加值钱，结果可以获得升职、加薪等现实的好处。

举个例子，假设有一个人周末会用 10 小时学习工作方面的知识、技能及培养人际关系，而另一个人在周末的时候则躺在家里睡大觉、看电视打发时间。那么，时间一长，这两个人在工作上取得的成就一定会产生巨大的差异。

⫸ 自己来做 vs 外包给别人

　　时间是可以花钱来买的。我在公司上班，实际上就是用自己的时间作为资本卖给公司，换取公司的金钱资本。

　　不过，上面这个例子讲的是出售自己的时间。不管一个人的工作能力有多强，如果他只是出售自己的时间的话，那所能做的工作总量也是有限的。正如有句俗话说的"浑身是铁能碾几颗钉？"很多优秀的人都明白这个道理，所以积累到一定的经验和资本之后，他们就会脱离公司，不再以出售自己时间的形式来赚钱，而是选择独立创业。很多以个人工作室的名义创业的人，看似还是在出售自己的时间，但实际上他们会雇用员工，买员工的时间创造更多的价值，以便节约自己的时间。比如，漫画工作室，表面看上去是漫画家一个人在创作，但实际上他有很多助手。漫画家只提供创意和人物形象设计，其他很多细节的绘制都是交给助手完成的。

　　也就是说，我们可以通过外包工作的形式，花钱买时间。

　　时间，对我们每个人来说，就是"人生"本身。就业、结婚、创业等人生中的大事，我们容易以垂直的视角来看待，也就是以"点"的形式来看待这些大事发生的时间。但这些点与点之间的连线，才构成了人生，换句话说，人生是一条时间的"线"。线是由无数的点组成的，让有意义的点更多，人生也就更有意义。

用时间购买金钱，就是用时间购买人生。而且，**今后的时代会更加重视用金钱来增加时间这一人生资本**。

前面讲过，时间就是个人资产负债表（B/S）的一个杠杆。所以时间异常重要，能够花钱请别人代劳的事情，尽量不要自己去做，而应该花钱购买这部分时间。当今社会，人生的选项越来越丰富，但选项多，就需要花更多的时间去选择。于是，时间的单位价值也在一路飙升，同时，"可以花钱购买时间的服务"其价格也随之上涨。比如，家庭保洁，现在请钟点工做保洁的费用就一涨再涨。但即便如此，有条件的话我们还是应该花钱购买这些服务，节省出自己的时间用于提高自己的人力资本，或把时间投入工作中创造更多的价值。

人生不是一个一个的"点"，而是一条"线"

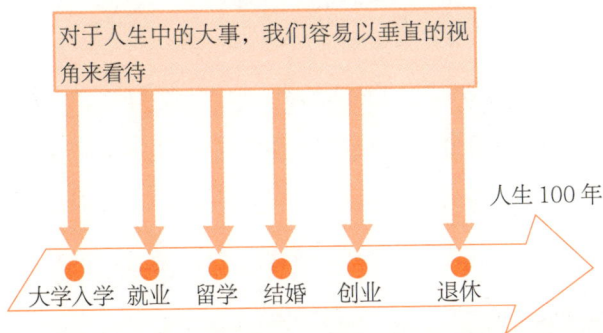

对于人生中的大事，我们容易以垂直的视角来看待

人生 100 年

大学入学　就业　留学　结婚　创业　退休

从出生到死去，人生是一条时间的"线"

最近，像自动扫地机、洗碗机等"懒人家电"非常受欢迎。家务钟点工、快递、外卖等外包服务的需求也越来越大。

顺便讲一句，**被称为"富裕阶层"的人们，为了将自己的时间最大化，大都会选择外包服务，以节省自己的时间**。在企业中被称为"外包"的业务，在生活中同样存在。

比如，"把家务活外包给钟点工""熨烫衣服的工作外包给干洗店""外出取餐的活外包给外卖员""幼儿教育外包给幼儿园""辅导学生外包给家庭教师"等。都是节省自己的时间的外包行为，通俗讲就是花钱买时间。就像企业选择自己生产还是外包生产一样，我们在选择自己做还是外包给别人做的时候，主要考虑获得的回报是否大于付出的时间成本。

被称为富裕阶层的那些人，他们本身就比较优秀，善于管理和运用自己的金钱，但他们还是会选择把自己的钱交给私人银行帮忙打理。这就是因为他们觉得自己理财的时间可以用在别的方面创造更大的价值。所以，只要是他们信任的私人银行，一般会一直合作。

在美国有句话，"要想成为成功人士，您必须配备私人医生（医疗专家）、私人律师（法律专家）和理财规划师（金融专家）"。可见，越是专业领域，越应该外包出去。因为自己要学习这些专业知识、技能，要花很长的时间。虽然外包给专家要花很多的钱，但与自己投入时间学习相比，还是值得的。

如今已经进入共享经济时代，我们日常生活中的各种活动，基本上都可以在网上买到相应的服务。而且，不仅可以购买国内的服务，还可以购买国外的服务。

也就是说，当我们在选择是否自己付出时间来做一件事的时候，应该考虑自己做的总体收益（自己做的直接收益减去购买外包服务的成本）大，还是购买外包服务的总体收益大。

但只拥有时间的话，还不能直接给我们带来价值。只有把时间运用起来，才能创造价值。即使只是陪伴家人或从事自己的兴趣爱好，也可以获得精神上的收益。当然，如果把时间投入提高自己的人力资本或金融资本，则可以带来物质上的收益。

通过运行 PDCA 循环，把时间进行最合理的分配，我们就能更快地实现人生目标。

◈ 企业经营者积极地进行"时间 M&A（并购）"

软银集团在收购其他企业的时候，社长孙正义常说："我们买的是时间。"对个人来说，也是同样的道理。我们从别人那里购买商品或服务的时候，其实都是在购买时间。企业并购称为"企业M&A"，同理，我把购买时间称为"时间 M&A"。

住在离公司很近的地方，也是购买时间的一种方式。在我的朋友圈子中有不少 30 岁到 50 岁的企业经营者，其中有不少人就住在自己的公司附近。

有些人更是把家安在了公司同一座大厦里，只是楼层不同罢了。从家到公司只需几分钟时间。我还专门调查了这些老总朋友，他们在创业之前，在其他公司打工的时候，大多也居住在公司附近。而且，哪怕是老旧的公寓或拥挤的小户型，他们也要住在公司附近。

"即使牺牲居住环境，你们也要住在公司附近，这是为什么呢？"对于我的提问，老总朋友们的回答简单明了。"**上下班路上花太多时间，实在浪费**。"而且，他们认为把自己置身于公司附近，就会感觉自己始终都没有脱离工作的圈子，这样就可以时刻思考工作上的事情，这将会给自己的工作能力带来很大的提升。原来如此，难怪他们会成功！

另外经过我的观察，那些工作麻利、雷厉风行的经营者一般都不会乘坐公交车、地铁或者开私家车，他们在工作中需要移动的时候，大多会乘坐出租车。而公司达到一定规模的老总，肯定会雇用专职司机为自己开车。

他们这么做，也是基于"花钱买时间"的想法。为什么不使用公共交通工具呢？拿地铁来说，第一，虽然地铁有固定的线路、精准的到站时间，但出发地和目的地可能都不在站点附近，还要步行一段距离，而且途中如果需要转车，也比较麻烦；第二，上下班高峰期，拥挤的地铁中可能发生意想不到的麻烦、纠纷；第三，在传染病高发期，拥挤的地铁是传染疾病的高危区。而乘坐出租车的话，可以在点与点之间选择最短或最快的路线，虽然车费比较贵，但可以节省时间。

那老总们为什么不自己开车呢？首先，自己开车有发生事故的风险，一旦发生交通事故，就要花时间去处理。其次，自己开车的话，在移动的过程中就无法工作了。

在坐车的时间里，除了可以工作以外，他们还可以吃饭、小睡一会儿，这都是高效利用时间的小妙招。您看那些大企业的老总，基本上都配有专车和专属司机，有的甚至还有私人飞机，其实这并不是老总们的虚荣心作祟，而是为了节省时间，创造更大的价值。

假设一个人年收入2000万日元，而每年的工作总时间为

2000 小时，那么他平均每小时的价值就相当于 1 万日元。按照这个标准计算的话，他去一个地方乘坐地铁要比乘出租车省 1000 日元的车费，但乘坐出租车可以节省 15 分钟时间。15 分钟（1/4 小时）的价值为 2500 日元，可见，还是乘坐出租车更划算。所以，**我们要计算一下自己平均每小时的价值，想花时间做某件事情的时候，先要衡量一下花的时间值不值。**

▶ 如今"生产时间的服务"越来越多

如果能将时间的 M&A 贯彻到底的话，我们每天大约能节省 2 ~ 3 小时的时间，一个月就是 60 ~ 90 小时。那些经常工作到深夜的朋友，只要稍微转变一下思维方式，花点钱把一部分可以外包的工作外包出去，每天就可以过得轻松愉快，或者用省出来的时间创造更高的价值。

金钱，放着不用是没有任何价值的，但如果能把钱用在刀刃上，它就能发挥出惊人的力量。比如，花钱可以买时间。

在市中心工作的人，如果愿意多花一点房租住在公司附近的话，每天就不用花一两个小时坐地铁、赶公交了。哪怕只是在地铁站附近租房，也可以缩短通勤时间。您看，只是改变一下居住地点，就可以"创造"出不少的自由时间。

如果您想读书，又没有多少钱买书的话，可能您最先想到的是去图书馆借书看。不过，要借书，肯定就要去图书馆，还书还得去一趟。但从亚马逊等网上商城购买图书，第二天就能送书上门。如果购买电子书的话，更省时间，只需要几分钟甚至几秒钟的下载时间。

再举个例子，爱旅行的朋友都知道，每次出去旅行之前都要自己做攻略，为此要做很多研究，查阅很多资料。总之，旅行的准备时间是很长的。一些旅行社就看到了顾客的这些需求，专门为顾客提供了私人定制的旅行服务。有旅行社帮我们制订旅行计划，可以省去很多准备时间，不过要多花点钱。但从节约时间的角度看，对很多忙碌的商务人士来说还是值得的。

⚝ 从日本环球影城（USJ）看时间的价值

把时间投入提高人力资本的事情中，可以获得很大的回报。同样，把金钱投入节省时间的事情中，也可以获得很大的回报。如今的时代，要求我们认真考虑如何将时间价值最大化的问题。

日本环球影城除了普通门票之外，还出售一种"VIP 优先入园票"。优先入园票比普通门票价格高一些，但持有此票的游客不用排队，可以优先入园，能节省不少时间。不过 VIP 优先入园票的价格也是变动的，一些游客较多的日子可能达到 1.2 万日元一张，比平时的 VIP 优先入园票价格还要高一些，但卖得很好，而且好评度很高。（在周末，VIP 优先入园票甚至会涨到 1.48 万日元一张。）

在日本环球影城游客很多的时候，持有普通票的话可能要排 1.5 小时的队才能入园。根据排队时间的长短，VIP 优先入园票的价格上下浮动，也是合情合理的。这和根据淡旺季调整价格的酒店、机票是一个道理。

这也再次证明了，时间和金钱存在相关关系。您愿意花便宜的价格买普通票然后花时间排队呢？还是花高价买优先入园票不排队入园呢？总而言之，花钱可以省时间，而多花时间可以省钱。

顺便说一句，东京迪士尼乐园（TDL）也有一种名为"Fast Pass（快速通行）"的优先卡。不过只有某些游乐项目才有，申请了 Fast Pass 卡，就可以优先玩这些项目。但因为 Fast Pass 卡是免费的，每位入园的游客都可以申请，而且数量有限，所以先到先得，领完即止。从这一点来看，可以说东京迪士尼乐园奉行的是民主主义，而日本环球影城奉行的则是资本主义。

有人说"花钱买时间是一种奢侈"，有人说"花钱买时间值得"，至于哪种说法更有道理，我认为还是要根据自己的实际情况来判断。下面给大家举一个微软创始人比尔·盖茨的故事。

比尔·盖茨是世界顶级富豪，他在节省时间方面，绝对不吝惜金钱。但在坐飞机的时候，比尔·盖茨一般不坐头等舱，也不坐商务舱，而选择经济舱。这一点可能很多朋友不太理解，他那么有钱又需要时间，为什么不选择头等舱呢？至少也应该坐个商务舱吧。比尔·盖茨的道理是：**不管坐头等舱还是经济舱，到达目的地所花的时间都是一样的，即使花高价买头等舱，也省不了时间**。

实际上，头等舱还是有些特权的。比如，飞机降落后，头等舱的乘客可以优先下机，也会最先到达取行李处，多少可以节省一点时间。但可能比尔·盖茨认为，节省的这点时间不值头等舱和经济舱的差价吧。

　　当然，头等舱的环境比经济舱好很多，乘机时间可以过得更舒适不说，还可以专心于工作。所以，该怎么衡量头等舱和经济舱的优劣，就要看个人的实际情况了。

▶ 时间资本加上杠杆作用创造"一石三鸟"的效果

在提高人力资本的过程中，我们强调高效利用时间，争取实现一石二鸟，甚至一石三鸟的效果。在节约时间的同时，还能取得好几倍的成果，即所谓的事半功倍。

举例来说，TOEFL和GMAT考试，都是使用英语进行的考试。在备考这两个考试的过程中，我们一方面是为了通过考试，另一方面也能把学到的英语能力应用到工作中，争取更大的收获。也就是说，这样的考试实用性非常强。从另一个角度看，为了考试而学习的同时，还提高了工作能力，这不就是一石二鸟、一举两得吗？

TOEFL是纯粹的英语能力考试，但GMAT则是一种综合的学力测试，两种考试的性质是不同的。GMAT对参加考试者的英语能力要求相当高，同时还要求考试者具备数学知识、推理能力和一定的理论基础。所以，在准备GMAT考试的过程中，我们的数学知识、逻辑思维能力等综合能力也得到了提高，这就是一石三鸟的效果。

再举一例，投资股票也能获得一石二鸟的效果。当您开始投资股票的时候，就会开始关心社会上的各种新闻。如果您投资了美国股票，一定会对美国新闻格外敏感。这时您不仅会通过日文报纸、网站了解美国社会、政治、经济、军事要闻，还会直接浏览美国网站、英语报纸。这时，不仅您的财经知识迅猛增长，英语能力绝对也能大幅提高。如果投资还能获得不错的收益的话，那不就是一石三鸟了吗？而且，看英文网站、读英文报纸，了解世界大事，对实际工作也会大有裨益，这简直是一石四鸟啊！

当我们提起"要创造更多时间"的时候，一般的想法是放弃一些不重要的事情，把空出来的时间投入新的、重要的事情中去。当然，如果您确实觉得做某些事情是在浪费时间的话，那就应该果断停下来，把时间用来干其他有意义的事情，以提升人力资本。

但是，当我们所有的时间几乎都被高效用于有意义的事情时，就没那么容易再挤出新的时间了。拿我来说，我平时也要经营企业，就连周末也都排满了工作日程，要想再找时间开展新的项目，简直难上加难。那我们该怎么办呢？且听下回分解。

≫ "内嵌于生活"与"同时作业"的威力

忙碌的人还想再挤出时间来，我想到的解决思路就是"同时"。比如，坐公交车、地铁的时候，有些朋友喜欢用 Kindle 读电子书，这就是在移动的过程中同时读书，是创造时间的一个好方法。另外，现在的智能手机还有"听书"的功能。在坐车、跑步的时候，也可以同时听书。这就是创造时间的"同时作业"。

现在电脑、智能手机的功能非常强大，还可以把文字文件转换成语音文件。这样一来，我们就可以将一些文件转化成音频，在做一些事情不方便读文字的时候，就可以戴上耳机听。

而且，很多播放音频的软件还有调整播放速度的功能。我在乘车或锻炼身体的时候，常会听音频。我一般会把播放速度调到 1.5 倍或 2 倍，以便听更多的内容。

现在有一些商业管理书籍推荐大家多用手机的"听书"功能，但在我周围，使用这个功能的人还很少。

再比如，"我想去看海"和"我要工作"，这两件事情在大多数人看来是应该分开进行的，难以两全。但是，如果找个海边酒店住进去，不就可以一边看海一边工作了吗？可能有朋友会说："为了边看海边工作，还要住海景酒店，太奢侈了吧？"如果不想花太多钱住酒店，至少可以去海边的咖啡馆一边看海一边工作呀。

在工作、生活中，只要我们多在"同时作业"上下功夫，不但省时间，还可以起到一石二鸟、一石三鸟的作用。把节省出来的时间投入创造财富、提高人力资本的事情中，就能让自己的利润表（P/L）和资产负债表（B/S）越来越殷实。

为了目标而努力的时候，我们可以**把过程细分成若干小任务，然后把这些小任务不失时机地"内嵌"入生活之中**，也能取得一石多鸟的作用。"内嵌于生活"的思维方式和"同时作业"类似。

把学习英语"内嵌于生活"

- 把手机和电脑的语言都设置为英语。
- 把信息源的一半改为英语读物，如《华尔街日报》《金融时报》等。这样一来，虽然我的阅读速度下降、阅读内容减少，但英语阅读水平提高很快。
- 如果有说英语的外国朋友或懂英语的本国朋友，多和他们用英语交流。
- 工作日程表用英语写。
- 工作及工作以外的笔记都用英语记（开始一段时间，我是英语和日语混用，渐渐地就可以完全用英语记笔记了）。
- 多听英文歌，多看英语电影、电视剧，连漫画我也看英语版的。

看了我的例子，可能有朋友会说："我可不想过你这样的生活，我模仿不来。"不一定非要模仿我的方法，重要的是要有把工作、学习内嵌于生活的意识。以前每天都做的事情，可能一件事只有一个目的，只能获得一个结果；但要是能把其他事情内嵌进来，做一件事就可以为了多个目的，获得多个结果。同样的时间做了两件事情，不就等于时间翻倍了吗？

当然，每个人都有自己的生活节奏和速度。前面讲过，我的一个大目标是"在 2038 年，把自己的公司打造成市值 100 兆日元的国际一流大企业"。说实话，实现这个目标的难度还是很大的，所以我现在正在以自己的最高速度前进着。我必须把自己的时间和金钱挖掘到最大限度，发挥其杠杆作用，让自己的利润表（P/L）和资产负债表（B/S）迅速增长。

只要有明确的目标，并学会以目标为原点逆推的思维方式，就可以确定自己要以多快的速度前进，也一定能找到投资时间、金钱的方法。

◈ 您所使用的时间是投资、消费还是浪费？

我们继续时间和金钱的话题。

这一小节，我们深入探讨下面三个问题：

（1）用金钱和时间进行投资；

（2）浪费金钱和时间；

（3）消费金钱和时间。

相信大家看得出来，对于时间和金钱，使用方法不同，就可能产生不同的结果。

第一，"投资"，可能会产生回报，同时也伴随着风险。所以，使用金钱和时间进行投资，目的是获得回报。

第二，"浪费"，显而易见，就是花出去的金钱或时间，不会产生回报，甚至还会造成损失。

第三，"消费"，消失金钱和时间，介于投资和浪费之间，可能产生回报，但没有投资回报多，也不至于像浪费那样造成损失。

拿金钱来说，我们用钱买一个商品，评价它的时候常会说"值"或者"不值"。就时间而言，比如我们花时间看一场电影，评价这部电影的时候也常会说到"真是浪费时间""这两个小时真精彩"

或者"这部电影改变了我的人生观"等。

由此可见，在日常生活中，我们下意识地就会对回报和风险进行评价。

令人不可思议的是，**如果我把评价回报和风险的焦点过度放在"金钱"上，会引起很多人的反感。**

但如果我把评价回报和风险的焦点放在"时间"上，就不会有人提出异议。但实际上，金钱和时间一样重要，前面讲过二者是可以相互转换的，金钱和时间都是我们人生的重要资本，要合理、平衡地关注二者。

"我可不想成为守财奴！"

"满脑子就知道钱，这样的人我最讨厌！"

这种价值观在当今的日本比较普遍，但如果被这种仇视金钱的固有观念所束缚，我们也没法向前发展。可能很多虚构的漫画、动画片中会出现一些为富不仁的守财奴。不过很多作品中的守财奴是被夸大、丑化了的。现实中如果一个人为了金钱可以不择手段，也许一段时间内他能拥有很多财富，但绝对是长久不了的。因为他的所作所为使人们失去了对他的信任，没有信用的人，不可能持续成功下去。

在使用金钱和时间的时候，我们要养成事先思考的习惯，清楚自己即将花的金钱或时间，是投资、消费还是浪费。比如，我们可以花钱买矿泉水喝，也可以喝几乎不花钱的自来水，该怎么选择，事先考虑清楚再行动，就能有更强的目的性。

再比如，假设今天有朋友邀请我去聚餐，小酌几杯，去还是不去呢？这时我就要分析去参加这个聚会我是能得到思想上的交流，或是增进朋友间的感情，还是单纯的消遣。然后根据我自己的实际需求做出抉择。

当然，如果一个人事事都算计得清清楚楚，也会让周围的人觉得心机太重，而不愿意和他交往。所以，我们应该在把握金钱、时间的适当回报率的前提下，根据实际情况做出最佳的选择。

不过，如果把金钱或时间投入 A 选项中，就无法同时投入 B 选项中，这便是所谓的机会成本，这一点大家不能忘记。

比如，晚上去参加了朋友的聚会，就牺牲了陪伴家人的时间。而参加聚会所花的金钱，也许原本可以用来请家人吃顿美食，或给太太买个礼物。

时间、人生都是如此，只要我们以有限的生命生活在这个有限的世界里，在选择一件事的时候，就必然会放弃另一件事。

⯈ 金钱与时间的文件夹（Portfolio）

"文件夹"这个词大家经常听到，就是收纳文件的东西。但现在，"文件夹"还有一个意思——"投资组合"。

我取"文件夹"中"组合"的概念，创造出"金钱文件夹"和"时间文件夹"的新词，下面就给大家详细介绍一下。

我们通常所说的"文件夹"，一般是指将自己拥有的资金配置成股票、债券、REITs（房地产信托投资基金）、对冲基金、商品等资产。但在考虑"金钱文件夹"的时候，首先要把金钱分成三类："使用的金钱""储蓄的金钱""可增加的金钱"。

第一是使用的金钱，即流动性资金，通俗地讲就是每月必需的生活费。一般以活期存款、MRF（存入证券账户的资金，相当于活期存款，但比银行活期存款利率高一些）的形式持有。通常情况下，我们要确保自己未来 3 ~ 6 个月的生活必需资金。

第二是储蓄的金钱，即安全性资金，也就是数年后需要的资金。比如，未来留学的学费、购房的首付款等。一般以定期存款、面向个人的国债等形式持有，本金可以保证，风险较小。要事先算好时间，到期的时候正好是自己需要用钱的时候。

第三是可增加的金钱，即收益性资金，是拿来投资用的。

我建议大家把自己的资金分成以上三类，放入文件夹进行管理。

顺便说一句，这个方法是 FP（理财规划师）为客户进行理财规划时常用的方法，也叫"给资金涂色"。

金钱的文件夹

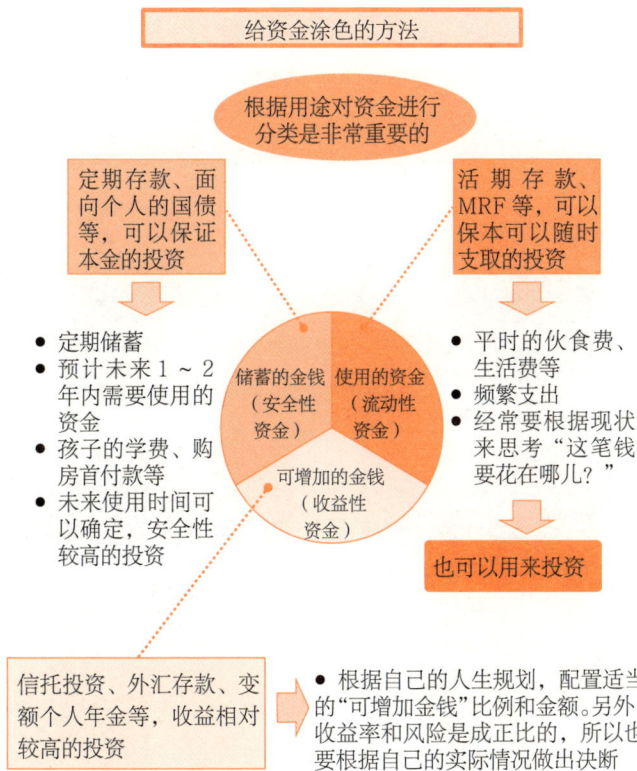

给资金涂色的方法

根据用途对资金进行分类是非常重要的

定期存款、面向个人的国债等，可以保证本金的投资

活期存款、MRF 等，可以保本可以随时支取的投资

- 定期储蓄
- 预计未来 1 ~ 2 年内需要使用的资金
- 孩子的学费、购房首付款等
- 未来使用时间可以确定，安全性较高的投资

储蓄的金钱（安全性资金）

使用的资金（流动性资金）

可增加的金钱（收益性资金）

- 平时的伙食费、生活费等
- 频繁支出
- 经常要根据现状来思考"这笔钱要花在哪儿？"

也可以用来投资

信托投资、外汇存款、变额个人年金等，收益相对较高的投资

- 根据自己的人生规划，配置适当的"可增加金钱"比例和金额。另外，收益率和风险是成正比的，所以也要根据自己的实际情况做出决断

接下来给大家讲解"时间的文件夹"。

时间的文件夹，是按照睡眠、工作、自我启发三大范畴，以一天或一周为单位来考虑时间的使用方法（请参考下面的图示）。

有趣的是，改变时间文件夹的构成，就可以增加或减少个人资产，也可以提升或降低自己的能力。

时间的文件夹

30多岁的女性
（平日，工作生活平衡型）

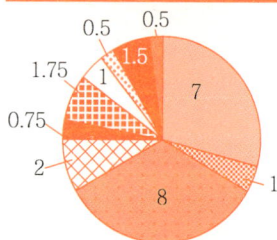

0.5　0.5
1.5
1.75　1
0.75
2
7
8
1

30多岁的女性
（休息日，工作生活平衡型）

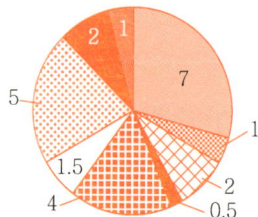

2　1
5
7
1.5
4
0.5
1
2

20多岁的男性
（平日，以考取MBA为目标）

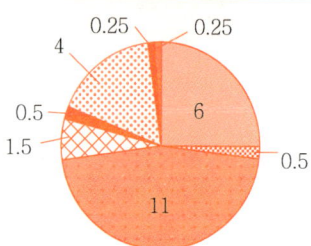

0.25　0.25
4
0.5
1.5
6
0.5
11

20多岁的男性
（休息日，以考取MBA为目标）

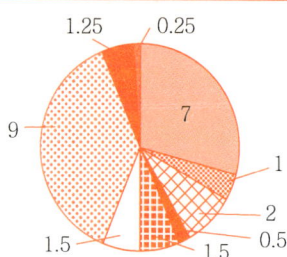

1.25　0.25
9
7
1.5
1.5
1
2
0.5

40多岁的男性（平日，有家庭）

0.5
1
0.25
2
6.5
0.75
2
2
9
2

40多岁的男性（休息日，有家庭）

2
2
2
7
5.75
2
2.5
0.75

睡眠　　移动（通勤等）　　工作　　吃饭（早中晚）

洗澡、刷牙、就寝准备　　人际关系　　健康　　知识、技能

家务事（做饭、洗衣、扫除）　　外出前的准备　　单位：时间

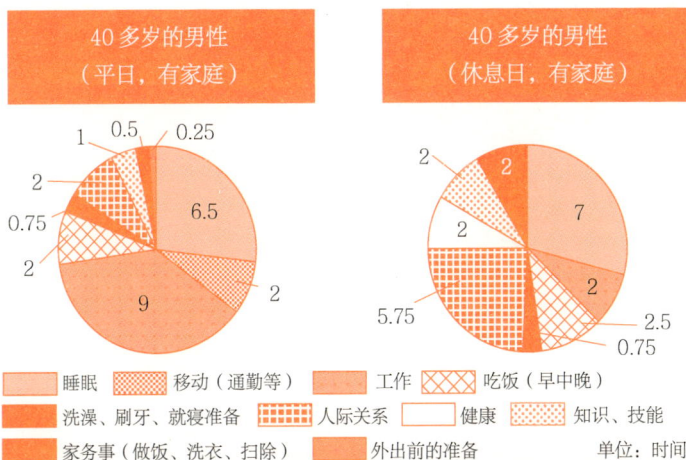

时间的使用方法也需可视化！

举个例子，假如我们把睡眠时间削减为零，那么就可以大大增加工作时间，从短期来看，肯定能挣到更多的钱。但是，通宵熬夜的第二天，会精神涣散、注意力下降，也不可避免地降低工作效率。长此以往的话，还会对健康造成恶劣影响，迟早有一天身体会出问题。让健康负债，是非常不明智的选择。

拿金钱的文件夹来类比，睡眠就相当于"流动性资金"和"安全性资金"。如果把"流动性资金"和"安全性资金"全部作为"收益性资金"用于投资的话，也许短时间内可以获得很高的回报，但风险也极大，一旦金融市场出现滑坡，则可能导致我们血本无归。所以，睡眠时间是必须保证的，它关乎我们的健康，是一切的基础。

如果把金钱的文件夹和时间的文件夹并列来看的话，我们会发

现其实二者存在密不可分的关系。

比如，您坐出租车的话，要很昂贵的车费。从金钱文件夹的角度看，花这么多钱是一种损失。但如果从时间文件夹的角度看，乘坐出租车节约了宝贵的时间，算是一种收益。这正如前面我讲过的，金钱和时间在很多情况下是成反比例关系的。

▶ 人际关系的文件夹

除了金钱的文件夹、时间的文件夹之外，我还定义了一个"人际关系的文件夹"。通过分析自己的人际关系文件夹，可以看出自己和哪个领域的人交往更多一些。

我们可以简单地把人际关系分为工作领域和私人领域。工作领域的人际关系，就是能给我们带来金钱回报的人际关系。而私人领域的人际关系，则能给我们带来精神层面的收获。

如果对私人领域的人际关系进一步细分的话，可以分为家人、恋人、朋友等，他们是我们的后盾，是他们支持着我们坚定、勇敢地在人生道路上大步向前。

在年轻的时候，我们应该多接触世界观不同的朋友，为将来构筑宽广的人脉关系网，以便让自己的事业更成功、人生更丰富。换个角度说，我们的交友范围不应过于单一。如果有可能的话，应该在 10 多岁或者 20 多岁就多结交外国朋友，不能只把眼光放在国内。

另外，如果您仔细观察过成功人士的朋友圈子的话，您会发现，他们不会和自己讨厌的人、可能给自己带来损失的人交往。如果勉强自己和不喜欢的人或可能给自己带来损失的人交往，不仅会造成很大的精神负担，还有可能使自己的人力资本（赚钱的能力）遭受损失。而且还要花费时间（生命！），简直没有一点好处可言。再有，不诚心的交往，很有可能产生忌妒和仇恨。成功人士都明白，忌妒和仇恨是人在社会上生存的最大风险。

但这也不是说我们就只能生活在熟悉的小圈子里。如果成功人士觉得某个人身上有值得自己学习的地方，即使这个人是陌生人，他们也不会吝惜时间和金钱与之交往。因为只和熟悉的人交往，就不会有新鲜血液注入自己的价值观和知识。就像生活在一个封闭的房间里，时间长了人的思维方式就越来越僵化了。为了避免这种情况的发生，我们要学会主动接触各个领域的人。

我们为自己建立各种"文件夹"的目的，就是通过分解因数的方式，准确把握自己当前的状态。只有精准把握了现在的状况，才能为自己制订切实可行的目标，并在对比目标和现实的过程中，找到实现目标的正确道路和方法。

设计好自己的文件夹，不要让它仅仅停留在头脑中，要把它画在纸上或用电脑绘制出来。实现了文件夹的可视化，我们才能更好地分析自己的现状，才能得到更好的灵感和创意。

除了金钱、时间、人际关系的文件夹外，还有人力资本的文件夹。制作人力资本文件夹的方法也是一样，先对人力资本进行分类，我认为可以分为"知识、技能""身心健康"和"信用"。

人际关系的文件夹

私人领域

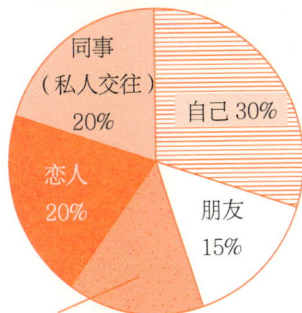

同事（私人交往）20%
自己 30%
恋人 20%
朋友 15%
家人（父母、兄弟姐妹）15%

工作领域

按行业分

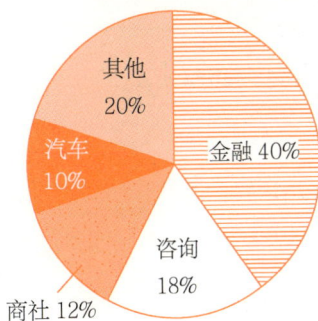

其他 20%
汽车 10%
金融 40%
咨询 18%
商社 12%

按部门分

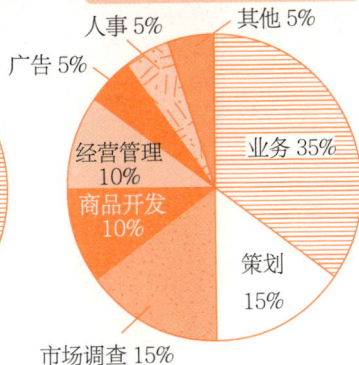

人事 5%
广告 5%
其他 5%
经营管理 10%
商品开发 10%
业务 35%
策划 15%
市场调查 15%

▶ 以一生为单位的复利

谈到理财这个问题，"时间"是一个非常重要的概念。

举例来说，假设您投资了一款年利率为 2% 的金融产品，如果以单利计算的话，3 年总共可以获得 6% 的利息。如果您想"我先用 3 年时间学好金融知识再进行投资"，那么这 3 年时间您就损失了 6% 的利息。

基本来说，在做金融投资的时候，越早越好，应该让时间成为我们的朋友（当然，要排除金融市场的异常波动，如股票指数大跌等）。

另外，投资越早，"复利"的效果发挥得越显著。

所谓复利，就是指通过投资获得利息时，把利息加入本金继续投资，即阶段性增加本金的投资方法。例如，您用 100 万日元投资一款年利率为 5%，且为复利的金融产品。第二年度的本金就是第一年度的本金加上第一年度的利息，总额为 105 万日元。到第三年度时，本金就达到了 110 万 2500 日元。10 年后连本带利一共是 162 万 8895 日元。如果这款金融商品的年利率为 5%，但为单利的话，那么 10 年后您总共只能获得 150 万日元。

单利与复利的差别竟然如此之大

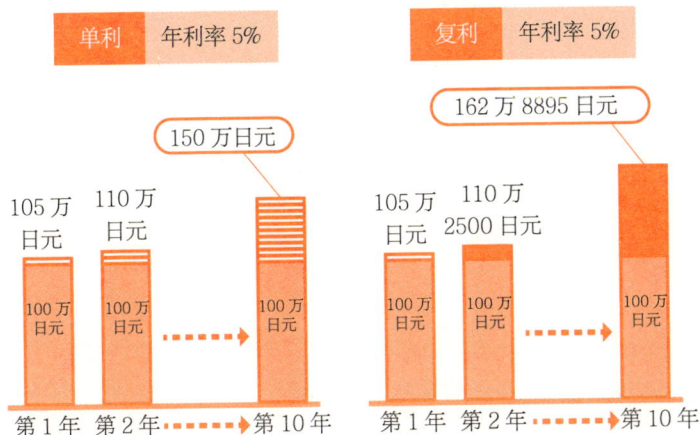

| 单利 | 年利率 5% |

162 万 8895 日元

| 复利 | 年利率 5% |

150 万日元

105 万日元　110 万日元

100 万日元　100 万日元　100 万日元

第 1 年　第 2 年　第 10 年

105 万日元　110 万 2500 日元

100 万日元　100 万日元　100 万日元

第 1 年　第 2 年　第 10 年

有的朋友在做投资时，每年获得利息回报的时候，都把利息当作"奖金"花掉。但如果您想让自己的资产不断增值的话，就不应花掉这笔利息，而应把它加入本金中继续投资。

复利的一个显著特点是"时间越长收益越大"。很多成功人士在年轻时努力工作、赚钱，并把赚到的钱用于投资，从很早的时候就开始发挥复利的作用。等到上了年纪，复利给他们带来了丰厚的回报。这是因为他们年轻的时候就懂得复利的威力。

如果您挣到一笔钱，不要把它全部花掉，应该拿出一部分来投资，让它产生复利。复利，是实现远大目标的一个捷径。

复利的思维方式，也可以应用于生活中。复利回报的一个基础是"本金越大，复利回报就越高"，但从另一个角度看，我们还会发现"时间越长，复利回报越高"。由此可见，金钱和时间是紧密联系在一起的，不可轻视任何一方。

我们在工作中要用到的知识、技能、人脉、信用等，都被称为人力资本，人力资本是我们创造更多财富的重要资本。如何增加自己的人力资本呢？**我建议大家从年轻的时候就积极投资自己的人力资本，因为投资得越早，日后获得复利的时间就越长，复利回报也就越高**。我们要学会"用复利思考人生"。如果您在 20 多岁的时候，就取得了超越同龄人的成就，也不要放缓脚步，应该花更多的时间和金钱来投资自己的人力资本。

就拿提高自己的英语水平为例，您 23 岁大学毕业，毕业后进入一家公司就职。如果刚工作您就会利用周末的时间上英语学校学习，那么经过几年的学习您的英语水平一定可以让您找到更好的工作。即使一直在一家公司工作，因为有出众的英语能力，也肯定能为公司做更大的贡献，从而获得更多的回报。

年轻时的投资，可以获得回报的期限很长，复利也就可以发挥更大的威力。所以，不要再等待！不要再徘徊！现在开始努力，就是回报率最大的投资！

第 4 章

把自己当作赚钱的"资本"——
人力资本

自己想做的事情，具有多少市场价值，而且未来的市场价值能否升值，也是需要我们认真思考的问题。我们要依据"擅长""喜欢"和"有升值空间"三个要素来选择自己该做的事情。

◈ 了解自己当前赚钱能力的方法

要想掌握赚钱的能力，首先应该理解利润表（P/L）和资产负债表（B/S）的概念。所谓赚钱的能力，说到底，就是让自己的资产负债表（B/S）的规模不断膨胀的能力。

人力资本，是我们通过自己工作赚钱的一项基本资本，这一章就给大家详细分析一下人力资本。请恕我赘述，人力资本主要包括以下几项无形资产：

- 知识、技能（包括金融知识、技能）

- 人脉

- 健康

- 信用

提升自己的人力资本，可以获得升职、加薪等丰厚的回报。

要想提高自己赚钱的本事，首先必须准确把握自己当前所处的位置。如果不清楚自己现在赚钱的能力有几何，即使找到了新目标，也没有勇气放弃现有的工作勇敢地拥抱新事业。这样，目标永远只能停留在头脑中。

请您看下一页的图，国税厅每年都会公布《民间薪金实态统计调查》，我为您呈现的这个图表是其中"不同年龄层的平均工资水平"。您可以对照图表，看看自己现在的赚钱能力处于哪个水平。

不同年龄层的平均工资水平（2015 年度）

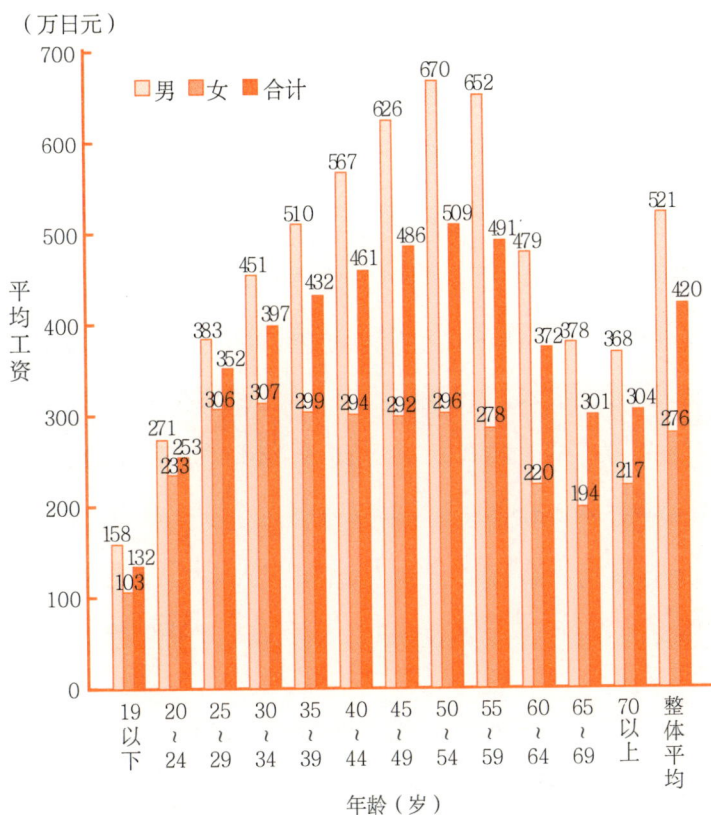

（万日元）

年龄（岁）	男	女	合计
19 以下	158	103	132
20~24	271	233	253
25~29	383	306	352
30~34	451	307	397
35~39	510	299	432
40~44	567	294	461
45~49	626	292	486
50~54	670	296	509
55~59	652	278	491
60~64	479	220	372
65~69	378	194	301
70 以上	368	217	304
整体平均	521	276	420

摘自：国税厅《民间薪金实态统计调查》

怎么样？和您所在年龄层的平均工资相比，您的赚钱能力如何？超过平均值还是低于平均值？

不过，即使您现在的收入水平低于同年龄层的平均收入水平也不用悲观，从现在开始提升自己的人力资本，获得赚更多钱的能力不就行了吗？

赚钱能力提高之后，首先利润表（P/L）中的收益会增加，然后，增加的收益又会充实资产负债表（B/S）中的净资产。

对一个上班族来说，工资提高了，收益就提高了，这样，利润也就增加了。所以，上班族的首要目标应该是想办法提高自己的工资。

提高工资，最扎实有效的方法就是提高自己的能力，也就是提高自己的人力资本。能力提高之后，工资的增加不是一时的，而是长期的。为了提高能力，上学深造是一个不错的选择。但要去上学的话，第一会耽误工作，第二要付出学费。**从短期看，利润表（P/L）会出现损失，但只要预计未来的收益能填补这一损失，就请不要吝啬金钱和时间，大胆地去投资自己的人力资本**。这绝不是浪费，而是投资。

不过，为了提高能力而进行学习，也不能盲目，必须实现对这个能力的价值进行评估。比如，在经济全球化的背景之下，大家都认为英语是商务人士必备的能力。但是，近年来随着科技的大发展，自动翻译软件的精确度越来越高。当机器可以帮我们进行翻译的时候，个人的英语能力相对来说就不像以前那么重要了。

英语能力可能在未来不再那么吃香了，但其他有价值的能力还有很多。只要我们善于发现和预测，找到未来更需要的技能，就一定要不惜时间和金钱去投资它。

提升个人能力可以提高收入，另一个方法就是跳槽到薪水更高的公司去。

不过，在决定跳槽之前，先要判断跳槽目标公司的真实情况和未来前景如何。如果跳槽到一家表面上风头正劲的公司，结果一两年经营出现问题，业绩大幅下降，员工也跟着降薪，没准还不如以前公司的薪水高。预防这种情况不能靠运气，而要事先做好调查研究和预判。您即使没打算跳槽，也要对自己当前这个行业的未来进行预判，因为时代发展日新月异，某个传统行业很可能在极短时间内被新兴行业所取代。

提到未来有前途的行业，很多人可能觉得 IT 和金融相关行业应该会不错。但其实，这两个大行业中的某些工种，未来也有可能被 AI 所取代。

当前收入比较高的人，还应该关注一下自己缴纳的税金。如果您每年缴纳的个人所得税很高，那还不如自己成立一家资产管理公司，当法人。

举例来说，假设您年收入超过了 4000 万日元，那么个人所得税和居民税合计税率就高达 55%。这种情况下，您不如自己成立一家公司，从自己的公司领取薪水。因为现在日本的法人税税率为 23.2%，和 55% 相比低得多。另外，如果您的家人也能加入这家公司的话，他们也会从公司领取薪水，则会增加公司的成本，降低利润，缴纳的税金就更少了。这是合理避税的一个好办法。

◈ 磨炼三个"通用技能"

人靠工作挣钱的话，那么知识和技能是基础。

工作上所需的技能大体上可以分为两类。

第一类是某项工作所特有的"**专业技能**"；第二类是所有工作都可以通用的"**通用技能**"。

干劲十足的年轻人，为了尽早在工作上做出成绩，往往选择拼命地磨炼专业技能。比如，考取各种职业资格证就是一个典型的例子。但实际上，在各自的职务范畴之内，磨炼通用技能，往往日后能够取得更大的成绩。

在第 1 章讲"自我投资的领域"时，我曾列举了以下三个值得自我投资的技能：

- 社交技巧

- 金融知识、技能

- PDCA 能力

这三个技能，就是所谓的通用技能。

这三个通用技能中，社交技巧的作用尤其大。不管哪个行业、哪个公司、哪个岗位，语言表达能力、谈判能力、展示能力等都是必需的能力。这些能力不仅对客户有用，在公司内部同样有效。掌握了这些能力后，不管您在哪家公司、从事哪项工作，都能游刃有余，上司和前辈也会对您刮目相看。

而且，不要总是用电话、电子邮件等传统沟通方法与人沟通，随着移动互联网的发展，各种在线聊天工具层出不穷，沟通的渠道也是多种多样。而且，不能总是局限于语言沟通，文字沟通也很重要，这就要求我们不断提高文字表达的功力。

如今，与人面对面用语言沟通的机会减少了，而文字沟通的频率越来越高，而且越来越细致。所以，我们也要适应文字沟通方式的新规则。

人与人面对面沟通时，表情、动作、神态、姿势等都会和语言一起表达自己的意思、情绪，但文字沟通想要达到同样的效果，必须在文字的细致程度上下功夫。

另外，在微博、微信等社交网络媒体上发布信息，也是一种沟通方式。在如今这个"自媒体"时代，我们作为个人发布信息的能力，即"一对多"的沟通能力，也是人力资本中"信用"的重要组成部分。

在以前，"一对多"进行交流的机会只有被选出来的"代表"才有资格获得。比如，代表某个部门进行演讲，代表某个公司做产品展示。在那个时候"一对多"的沟通方式多是企业进行宣传的公关策略。但是现在，任何人都可以通过网络面向大众进行"一对多"的交流，这也是一种自我宣传。

金融知识、技能的通用性也很高。管理、销售、策划、财务等部门自不用说，他们的工作离不开财务数据，但其他部门同样要和数据打交道。在日本的企业中，一般情况下经营管理层、部长级的干部是不会直接和新人对话的。但如果年轻的员工也从公司财务的视角出发考虑问题，说不定就能得到高层的青睐。

PDCA 是本书的主题，在我看来，运行 PDCA 的能力对一个商务人士来说非常重要。尤其是在当今时代，正确答案可能在瞬间变成错误答案，在信息瞬息万变的情况下，高速运行 PDCA 的能力尤为重要。

在网络已经普及工作、生活等方方面面的今天，我们费尽心力想出来的创意，可能瞬间就会被扩散、被模仿，变得毫无价值。也就是说，如何能够持续不断地产生新创意是对我们能力的一个考验。但是，如果您能掌握高速运行 PDCA 的能力，您就掌握了破解这个难题的钥匙。

不管是通用技能还是专业技能，要想掌握或者提高的话，都需要花费大量的时间乃至金钱。而我们的时间和金钱都是有限的，为了最高效地提升自己的人力资本，我们就需要找到投资回报率最高的那项技能。

◈ 寻找投资回报率最高的"技能"

现在有部分年轻人被称为"考证狂人"，他们拼命学习各种专业技能，考取各种各样的职业资格证，似乎证书多多益善。根据我的观察，那些会赚钱的人、成功的企业经营者，没有几个是"考证狂人"，他们似乎也没有几本证书。

年轻人热衷于"考证"的原因，可能是因为考的证书越多，"可选择的就业范围就越广""时薪也会增加""不愁将来没饭吃"……但实际上，要实现上述目标，并不需要那么多证书。

考取各种资格证不仅费时间，还费钱，是一项较大的投资，所以应该谨慎。我们应该具体分析哪种资格证适合自己，考取哪种资格证的投资回报率最高。

会赚钱的人，与效率相比更看重效果。效率是对过程的改善，而效果是对结果的改善。

在投资个人能力的时候，关键是要学会从效果往回倒推的思维方式。从结果往回倒推，更容易找到最近的路。就拿学习英语为例，自己学英语达到流畅翻译的程度，至少也得一两年时间，花的学费也不少。所以，有些情况下"买个翻译软件"或"临时聘请一位兼职翻译"可能比自己学习更划算。

前面讲过海外留学考取 MBA 学位的例子，这可是一笔不小的投资，但学成归国后，年收入可以达到 600 万 ~ 1000 万日元。留学所花的学费、生活费，可以在几年之内回收，之后就完全是正向现金流了。而且，在留学期间构筑的人脉关系，也是一笔宝贵的资产。有人说现在 MBA 的含金量已经不如从前了，价值有所下降。但我觉得，如果一个人 20 多岁就能拿到著名大学 MBA 学位的话，他日后获益的年限很长，这个学位和所学知识还是能够发挥巨大赚钱效应的。

由此可见，重要的是找到能让投资效果最大化的领域，并集中精力专攻这一项。这样，用相同的投资额可以得到最大的回报。

话虽如此，要想准确预测未来的发展趋势，并没有想象的那么简单。

不过，只要我们能把握住发展的大方向，并朝着这个方向不断搜集相关信息，分析这些信息，就可以做出相对准确的预测。

美国有一家名叫高德纳（Gartner）的 IT 研究与顾问咨询公司，该公司每年都会发布题为《新兴技术的炒作周期》的调查报告。报告中预测未来将倾向于开发什么样的新技术，哪些新技术将被实用化。这份调查报告是公开的，在网上可以搜索到，金融机构的分析员也经常会参考这份报告。

当然，高德纳公司的预测也并不是百发百中。很多情况下，他们预测的新技术成为现实的时间都会和实际有所偏差。但从以往的实际情况来看，他们的预测有七八成是准确的。也就是说，只要我们研读了这份报告，就可以大体想象出 2030 年、2050 年时公司的基本情况。

在这里我教您一个"预测未来"更简单的方法。打开亚马逊线上书店，在搜索栏中输入"2030 年"或"2040 年"，一般会搜索出"人工智能的经济和未来""世界从此改变"等主题的书籍。选择其中您感兴趣的几本买来读一读，肯定能获得未来走向的一些线索。

与其自己埋头于预测未来的研究，不如多参考其他专业人士的研究成果。

▶ 丰田、麦肯锡、谷歌的共同之处

在现在的经济环境下，不管诞生出怎样的新经营模式或新技术，都不是形成国家间差别化的重要原因。因为新经营模式、新技术会被瞬间翻译成各国语言，在世界范围内扩散，普及的时间很短。在2000年前，日本流行一句话："一家企业能繁荣10年就算很成功了。"但现在，能繁荣几年已实属不易。

单靠一种新的经营模式，企业已经难以持续成功，这就是当今社会的现状。我深深感到，现代企业要求具有经营模式创新、服务创新的组织能力，具有应对市场变化的应变能力。

说到底，就是要求企业具备运行PDCA的能力。

提到世界顶级IT企业谷歌，大家的印象可能更多地停留在"搜索引擎"上，但实际上那已经是谷歌过去的荣誉。现在的谷歌，在不断摸索、创造新的经营模式、经济模式。比如，在工作时间给员工一部分自由研究时间；创造新的办公环境和会议模式，以提高生产性……

其他世界级知名企业，如丰田、麦肯锡、软银、无印良品等，也都致力于PDCA能力的提升。在书店里我们就可以找到描写上述企业 PDCA 的书籍。

拿我个人来说，在运营自己的企业时，也会用心提高企业应对变化的能力。我们运营的 ZUU online 是一个经济、金融信息网站。创立之初，我们只把这个网站当作一个过渡。将来，准备把这个网站升级成收集客户流量的窗口，然后在了解客户需求的基础上，为客户匹配金融专家进行咨询服务。

最初，不管我们在网站上发布什么样的内容，都无法收集到想要找专家咨询的客户。但是，作为一个内容媒体，我们的网站又收集到大量为内容而来的用户，成长非常迅速。

基于这种情况，我们立即决定，不再把这个网站当作一个收集客户的窗口，而是利用大量的浏览量赚取广告收益。这个网站迅速实现了功能转换。

方向的转换，给我们带来了更多的机会。我们又开始以金融机构为客户，借助自己的经验和技术帮他们建设自己的网站，用以搜集客户的数据、需求等信息。我们将这种服务定义为网络媒体的"白标（whitelabel）"。现在，很多金融机构都是我们的客户。

发展到现在这个地步，我们当初是完全没有想到的。当我们自己公司的网站创立两年后，浏览量已经相当惊人，于是我们发现"这是个大市场"。于是，为金融机构建设同样的网站，成为我们经营战略的一个新支柱。

当最初的 A 计划进展不顺利的时候，我们要运转 PDCA 将其变成更合适的形式，以此为支点导入 B 计划即可。

现在书店里甚至出现了以"B 计划"为主题的书籍。这些书里说，在创业的世界里，A 计划基本上都会以失败告终。但是，能迅速转变成 B 计划的创业企业，往往能成功。

假如您把登上富士山顶作为最终目标，那么不必在意是从静冈县一侧开始登山，还是从山梨县一侧开始登山，或者开车到半山腰再开始登山。如果过度拘泥于实现目标的方法，就难以应对过程中出现的变化，使人寸步难行。

运行 PDCA，给能力提升加速

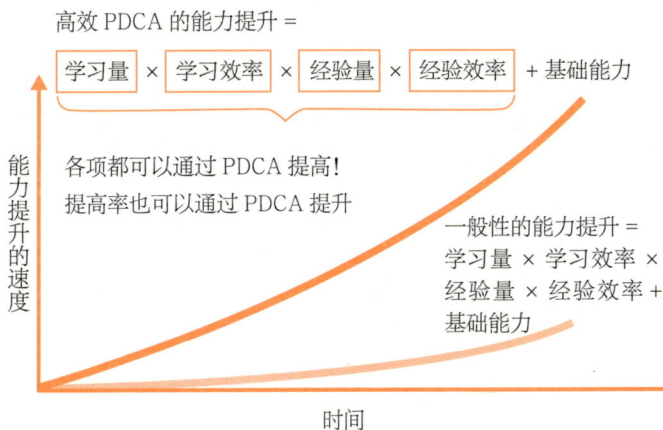

高效 PDCA 的能力提升 =

$$\boxed{学习量} \times \boxed{学习效率} \times \boxed{经验量} \times \boxed{经验效率} + 基础能力$$

能力提升的速度

各项都可以通过 PDCA 提高！
提高率也可以通过 PDCA 提升

一般性的能力提升 =
学习量 × 学习效率 ×
经验量 × 经验效率 +
基础能力

时间

摘自：《高效 PDCA 工作术》

不仅企业需要有随机应变的能力，对个人来说，随机应变也是赚钱能力的基础。

举例来说，我刚从事证券投资顾问工作的时候，认为"信息"就是生命，我会把所有主要数据背诵至烂熟于胸之后才会去见客户。但当我从公司辞职的时候，早已不这么做了，在见客户的时候我会单手拿着 iPad，现场查询需要的信息和数据。

客户真正需要的不是信息、数据，而是实时、有效的投资策略和深层次的理财建议。

现如今，正确答案在不停地变化。今天正确的，也许明天就不正确了。所以我们要根据实际情况，迅速找到最正确、最合适的应对方法。禁锢在固定思维中，只有死路一条。

能在形势改变以前就做出应对当然最理想，如果做不到这一点，至少也要时时观察情况的变化，具备随机应变的本事。培养随机应变的能力，学习 PDCA 是一个捷径。PDCA 可以应用于任何行业、任何职业。也可以说，PDCA 能力是所有能力的基础。

▶ 把人际关系当作赌注

人脉是重要的人力资本之一。

在第 3 章"人际关系的文件夹"中我已经讲过，人际关系大体可以分为两类：一类是能给自己带来经济利益的人际关系；另一类是可以让自己精神充实的人际关系。不同类型的人际关系，交往的方式也不一样。

举例来说，和公司同事、客户的关系就属于工作领域的人际关系。和这些人交往，可以增加我们的收入或开创新事业。陪客户吃饭，没准就能谈成大生意。当然，在这类人际交往的过程中，我们也可以获得精神层面的收获。我就有这样的体验。

构筑人际关系，是需要花钱、花时间的。实际上，人际关系的质量，还和所花金钱、时间有直接的联系。

拿我来说，前段时间我就参加了一个饭局。算上我一共五个人，中心是一位曾经担任内阁大臣的政治家，其他三位都是上市大企业的老总。聚餐地点选在一个五星级大酒店，每人的餐费平均 2 万日元。

如果这种聚会只是一年一次的话，那这 2 万日元可能很多人都出得起。但如果频繁参与如此"昂贵"的饭局，恐怕很多人在经济上承受不了。

我去参加这样的高端饭局，就是为了构筑人际关系。当然，花钱花时间是必不可少的。

为了让自己的人际关系更强大，我给您介绍一种聪明的战略，就是寻找那些未来上升空间大的人，和他们建立良好的人际关系。说难听一点，这就像一场赌博。

花同样的金钱和时间，和未来发展空间大的人交往，肯定比和没前途的人交往回报更大。也就是说，要从如何让自己的人际关系升值的角度出发筛选交往的对象。举个例子，比如自己的一个朋友成了名人，那我的人际关系也跟着升值了。反之，如果自己的朋友干了坏事，那我的人际关系就贬值了，而且自己的信用还会受到连累。

我认识一位大房地产公司的中层干部，他就有一双识人的慧眼。他会找那些未来很可能成功的企业经营者，在他们成功之前就大力帮助他们。因为人一旦成功，知名度提高之后，在人际交往方面就会变得非常警惕，不会轻易和别人交成知心朋友。但在成功之前，他们不会端架子，我那位房地产公司的朋友，就会培养"未来成功者"朋友。现在他身边就有很多成功人士，借助这些成功朋友的力量，他工作起来也得心应手。从这个意义上说，结交工作上的朋友和投资金融产品有点类似，要找潜力股。

　　还有一种人际关系就是精神层面的人际关系，100% 精神层面人际关系的代表要算和家人的关系。和家人的关系关系到自己的身心健康，以及每天的充实感。

　　和朋友、恋人之间的关系，也是精神关系。和朋友在一起，可以分享快乐和忧愁，让我们放松，让我们开心，这也是幸福人生所不可或缺的关系。

　　我们的时间是有限的，用多少时间和工作关系交往、用多少时间和精神关系交往，就要根据自己的情况进行取舍了。

　　能让自己升职加薪的人际关系和让自己内心充实的人际关系，都有很大的价值，就看自己当前的侧重点在哪里。

❯ 让好运降临到自己头上的简单方法

在第 1 章中我谈过，"向别人借钱、物品、时间、人力等"都可以看作"负债"。那么如果反过来，我们连续不断地为别人付出（金钱、物品、时间、人力等），会有什么结果呢？换句话说，就是由"give & take"变成"give & give"。我可以告诉您，如果不断为别人付出的话，结果会使我们自己的资产增加。

如果为别人付出，从一开始就期待得到对方回报的话，不管付出多少，都不能感动对方。因为对方能看出我们的"企图心"。但排除企图心，不求回报地为别人付出，结果会怎样呢？结果肯定会有好事降临在我们头上。

这种"善有善报"虽然无法得到科学上的证实，但可能您也体会过，只要您对别人真诚、亲切，也会得到别人真诚、亲切的对待。

在世界级畅销书《影响力》（罗伯特·B.西奥迪尼著）中，把人想报恩的感情定义为"回报性法则"。

所谓"回报性法则"，就是当人受到他人恩惠，或者对别人怀有感激之情时，心中就会产生"我必须报答他（她）"的感情。

"（他在工作上给我帮了忙）下次我要请他吃饭。"

"（我试吃了他们的食物）所以不买一点不太好意思。"

"（他在微信里给我点赞了）所以我也得给他点赞。"

"（情人节他送了我礼物）等到白色情人节，我也要送他礼物。"

"（新年他给我寄了贺年卡）明年过年的时候我也要给他寄贺年卡。"

报答别人的心情可能出自感恩之心，也可能因为觉得"来而不往非礼也"，不管怎么说，只要不是脸皮特别厚的人，受到别人的恩惠就一定会有所回报。

我们常能听到"越有钱的人越小气""为富不仁"之类的说法。但我在私人银行工作的时候及创业的过程中，接触到很多有钱人，通过对他们的观察和研究，发现他们大多并不小气。而前面那些说法，都是大众媒体灌输给人们的固定观念。

现实中的富裕阶层，大都具有"give & give（给予 & 给予）"精神。他们关怀社会，照顾弱小。根据我的观察，富裕阶层中有奉献精神的人很多。

如果您平时能本着"give & give"的精神和周围的人交往，那么想向您"报恩"的人就会越来越多。这样，您可能从这些朋友那里获得不可多得的投资信息，也可能在您的事业最困难的时候得到朋友的帮助。

我们经常把富裕阶层成功的原因简单总结为"他们运气好"，但实际上是富裕阶层善于吸引好运。换句话说，就是他们平时的付出得到了回报。

把利润表（P/L）和资产负债表（B/S）的概念应用于个人理财的时候，我们容易只关注其中的数字。但我觉得，对数字的关注**正是我们朝向目标努力的动力之源**。

我一直非常珍惜身边的各种人际关系，和有些朋友的交往已经持续了许多年。比如，前段时间一个高中时期的朋友就来找我谈职业规划的事情；我幼儿园时期和我家住一栋公寓的儿时玩伴，也会来找我倾诉人生的烦恼。活到现在，我帮助过很多人，也得到很多人的帮助。这句话从我自己的嘴里说出来也许有点奇怪，但这是事实。

在事业上，当我创业第二个年头的时候，为了让事业真正步入正轨，我需要一笔资金。这时，我身边出现了五位天使投资人，他们对我的公司做出了超出实际的评价，并决定投资。最终，我总共获得了一亿日元的投资。

当时，我公司每月的销售额也就 100 万日元左右，但那五位天使投资人连我公司的财务报表都没看，就答应投资。他们的理由是："富田君做的事业，一定没问题！"这五位天使投资人都是非常有实力的企业家，大多都是上市公司的老总，其中一位我必须单独提一下，那就是人称日本 i-mode 之父的夏野刚先生。

这五位投资人对我的帮助，我终生难忘。

这种重要的人际关系，应该计入资产负债表（B/S）的资产项。

▷ 会赚钱的人不会吝惜把钱花在健康管理上

人力资本的一个重要支柱就是"健康"，身体是革命的本钱，没有健康的身体就没有一切。如果一个人身体不好，恐怕想赚钱也赚不了。而且，身体不好的话，不管有多少钱，也不会幸福吧。如果患上大病，更是给人生蒙上了一层乌云。

所以，那些会赚钱的人、优秀的企业经营者都会非常注意自己的健康，为此不惜花费金钱。

纵观古今、横看海内外，有权有势之人的最终梦想都是"长生不老"。如今的富裕阶层、成功人士也有这样的倾向，虽然现代人知道不可能长生不老，但至少也要健康地活得更久一些。为了健康，他们不惜花费巨额金钱来预防疾病，以便让自己获得更多的时间来做事业或自己想做的事情。对健康的投资，获得的回报就是更长的人生（时间）。

近年来，一种会员制的健康体检俱乐部很受富裕阶层的欢迎。这种俱乐部拥有包括 PET（正电子发射型计算机断层显像）检查设备在内的先进医疗设备。会员在接受体检时，还可以住在那里，俱乐部还给会员准备了豪华的单人房间。在体检的间歇，会员可以在房间里悠闲地疗养。通过初步体检，如果发现会员需要进一步检查的话，俱乐部还会帮会员联系名医。这种俱乐部的服务可谓无微不至，但收费也相当高昂。入会费就超过 200 万日元，成为会员后，每年还得支付 50 万日元的会费。

我们都知道，钱是没法"买命"的，但可以花钱预防疾病、维持健康，其实也是变相地延长了生命。

饮食是影响健康的重要因素，富裕阶层对食物、饮品也是毫不妥协，他们会把饮食管理进行到极致，保证营养均衡、健康。

我举个跑马拉松的例子，20 多岁、30 多岁的年轻人，经过训练在比赛时无须考虑太多，拼命跑就行了。但 40 岁以上的选手，在比赛中为了不让自己在后半程出现问题，一定会在前半程补充水分。同样的道理，成功人士为了让自己在后半程依然成功，会提前进行健康管理。

年轻的时候，像我一样喜欢和朋友喝酒聚会的人不在少数。那个时候，大家都喜欢吃油腻的、口味重的食物。但步入中年，我们就开始养生了。其实，在年轻的时候，就要注意养生。

有干劲，我们可以在工作中拼命努力，但唯独健康是无法靠意志控制的。所以，我们应该提早准备，防患于未然，免得生了病措手不及。

◈ 为什么信用能帮人聚拢人气?

人力资本包括知识、技能、健康、人脉、信用等，我觉得其中最重要的是信用。

以日本的互联网服务为例，有"乐天""Yahoo！""Cookpad"等知名网站，在日本它们都是很优秀的网站，所以它们吸引了很多网络用户，每天都有大量用户在这些网站上享受便捷的服务。

为什么用户愿意在这些网站上花钱、交易？因为他们信任这些网站。企业也会借用这些网站的信用，在其中发布自己的广告。传统媒体的报纸、电视，也是凭借用户对自己的信任，帮商家发布广告。而收取的广告费用也会根据用户的多少有高有低。

同样的道理，个人的信用也非常重要。**信用好的人，身边自然会聚集很多人，因为大家都觉得这个人是一个"可靠的存在"。**

身边聚集很多人，当我们需要帮助的时候，出手帮忙的人就会很多。而且，当周围的人有需要的时候，我们可以为他们牵线搭桥，帮他们寻求帮助。这种行为，日后肯定会让我们受益。信用，可以对我们的资产负债表（B/S）形成杠杆作用。

反过来，如果我们的信用出现了一次不良记录，这个消息会以我们想象不到的速度迅速扩散，使我们好不容易建立起来的信用瞬间土崩瓦解。尤其是自媒体快速发展的今天，负面的消息会快速地大面积扩散。

再举一个我们身边常见的例子，很多进入保险公司就职的人，会把保险产品推销给自己身边的亲戚朋友。虽然这样做可以短期提高自己的销售业绩，但我觉得这也是"消费"个人信用的行为。

刚进入社会开始工作的年轻人，有时为了拓展业务，会拜托朋友帮忙，这也是消费自己的信用。一两次可能还好，但要反复多次拜托朋友的话，有可能把自己的信用消费殆尽。到那时，剩下的只有朋友的不信任（信用负债），再想请朋友帮忙就难了。所以，我们要珍惜自己的信用，善用自己的信用，不能用尽，更不能透支。

▶ 一个人的信用是由什么决定的？

"把工作交给他，他总能按时、出色地完成。"

别人对我们这样的评价，是形成信用的基石。

公司愿意支付薪水聘请一名员工，是因为相信这位员工的能力。贷款也是同样的道理。就像"授信"这个词的字面意思一样，金融机构愿意贷款给我们，是因为他们判断"这个人具备偿还能力"，然后才会贷款给我们。

也就是说，我们在提高自身能力的同时积累个人信用，不仅能在工作中做出更大的成绩，对日后融资也有好处。这种良性循环，能够直接提升我们的赚钱能力。

我们在人际交往中所构筑的信用，在现实中有可能直接转化为金钱。当然，也许有朋友对于用信用换金钱存在抵触心理，这是可以理解的。但如果我把个人信用换成"个人品牌影响力"的说法，是不是就容易接受了呢？

我们经常能听到一些企业在宣传自己的时候说："我们公司有两成员工都是东京大学的毕业生。"可见，东京大学毕业生也是企业品牌影响力的一部分。缩小到个人，东京大学毕业生的品牌影响力也因"东京大学"而大大增值。也就是说，个人的品牌影响力由他所走过的路（背景）决定。在前面的例子中，毕业于东京大学，就是他们的背景。

在以前所走过的路上，遇到的人对自己的评价，是形成个人信用（个人品牌影响力）的直接因素。如今的自媒体异常发达，以前的同学、朋友、同事会有意无意在自媒体中提到我们。他们所说的话，将极大地影响我们的信用。

所以我们更应该和身边的人搞好关系，朋友的口碑，是我们个人信用的基础。

❯ 两种"双薪"能更高效地让资产增加

增加利润表（P/L）中的收入，同时增加资产负债表（B/S）中的资产，一个有效手段就是想办法赚取"双薪"。

我认为"双薪"大体可以分为两种。第一种，一个人在从事主业的同时，利用业余时间从事副业，从而获得两份薪水。

第二种，夫妻双方都工作。传统的日本家庭是男主外女主内，丈夫工作挣钱，妻子料理家务。如果夫妻二人都出去工作，那么家庭总收入分别由两人赚取，这样一来比一个人赚钱要缴纳的累进税税率要低一些。这也是夫妻都工作的一大好处。

今后，越来越多的企业将放开对员工从事副业的限制。在这种大趋势下，一个人的赚钱能力除了主业以外，拼的就是从事副业的能力了。

在日本人的传统观念中，进入一家大公司，成为正式员工，一直工作到退休才是一条"正道"。但是，如果"献身"于一家公司，即使您具有超强的赚钱能力，收入水平也不会超过公司规定的薪水范围。假设您今年的业绩非常优秀，明年的年薪也不可能从 500 万水平一下子跃升到 1000 万水平。

　　如果您也打算在主业之外从事兼职工作、赚取双薪的话，**现在就得精确估算自己的赚钱能力（从这个社会中获取金钱的能力）**。

　　现如今，在短视频平台成为网红，赢得大量的粉丝，也可以赚大钱；熟悉二手物品的价格差，在闲鱼等二手交易平台上挣钱的人也大有人在；通过众包赚钱的方式也在不断推广。

▶ 出卖"时间" vs 调整"结构"

如果公司允许员工在业余时间赚取双薪的风气在社会推广，那么我们将面临一种什么样的工作环境呢？

如果很多企业允许员工在业余时间从事副业，那么他们在录用正式员工的时候会更加挑剔，只会录用那些真正优秀的人才。而且，公司里正式员工的数量会减少。

因为对企业来说，雇用一名正式员工的成本，要高于把相应的工作交给兼职员工来做。

如果这种倾向越来越显著的话，那么企业只会雇用必要的、最少数量的正式员工。对求职者来说，想成为正式员工则是越来越难。这样一来，能力强的人机会越来越多，而能力不够强的人，则机会越来越少。

在前面的章节中我已经讲过，不管是正式员工、兼职员工还是临时工，都是通过将自己的"时间"出卖给雇主来换钱的。如果技术好、职位高的话，可能单位时薪相对较高，但用时间换金钱的收益模式都是一样的。

靠时薪赚钱的最大缺点是，只要出卖的商品是自己的时间，总体销售额就是有上限的，因为我们的时间是有限的。假设一个人从事一份工作的时薪是 3000 日元，每天辛苦地工作 12 小时，全年无休，一年最多也只能赚到 1314 万日元。先不管 1314 万日元的年薪是多是少，但至少这是个上限，不可能再多了。

而且，过度出卖自己的时间，还有丧失机会的风险。通过学习、构筑人脉可以提高自己的人力资本，从而提高赚钱能力，但如果把自己的时间都用来工作的话，就没有时间来充实自己、交朋友。结果，只能一直从事当前的工作，没有机会进行升级，也就没有机会赚更多的钱。

另外，现在出卖时间的市场，是买方市场，时间的单价很便宜。而且，随着廉价的海外劳力的涌入，以及人工智能的发展，在很多领域，出卖时间的市场本身就已经消亡了。

这是一个以人力资本的高低决定收入的时代，我们生活在其中，就必须深刻理解利润表（P/L）和资产负债表（B/S）的概念，必须想办法提升自己的人力资本。

现在，任何企业都会在"雇用正式员工"和"外包"之间进行比较。

对个人来说，要想提高自己的赚钱能力，"外包"也是一个必须考虑的要素。

有钱人都在考虑"如何不出卖自己的时间也能赚钱"。所以，**如果能用钱买时间的话，他们是不会吝惜金钱的**。这就是所谓的调整自己的赚钱"结构"。花钱买时间，把省出来的时间再用来高效率地赚钱。

极端地说，"如果睡觉的时候都能赚钱，那才是最理想的工作结构"。这种工作结构的典型代表就是"雇人为我们工作"。

雇人工作，就是购买别人的时间，获得的收益要比付给员工的薪水多才行。

以前，通过雇人创造利润并不是件容易的事情。但是，如今随着"众包"的发展，雇人变得越来越容易。只要把自己接到的工作发布在众包兼职平台上，很快就会召集到很多自由职业者。像这样购买他人时间用来赚钱的工作结构在不断增加，如何用好这种工作结构是我们应该思考的问题。

也许有的正式员工会认为这种工作结构与自己无关，这就错了。在结果主义盛行的当今社会，有时通过众包的形式能做出更大的成绩来。

▶ 埋头于"想做的事"也存在危险性

在运行 PDCA 循环提高自己赚钱能力的时候，我们首先要发现自己想要提高哪方面的能力。而且，自己对这个方面的技能是否感兴趣。如果知道自己掌握这个技能后肯定能赚更多的钱，可对这个技能并不感兴趣，那恐怕也难以持续下去。

那么，想提高自己赚钱能力的时候，着力发展哪方面的能力更有效率呢？请先看下一页的图表。

看了这个图表您就能发现，一个人有"擅长的事""不擅长的事""想做的事""不想做的事"。

有效提高自己的能力

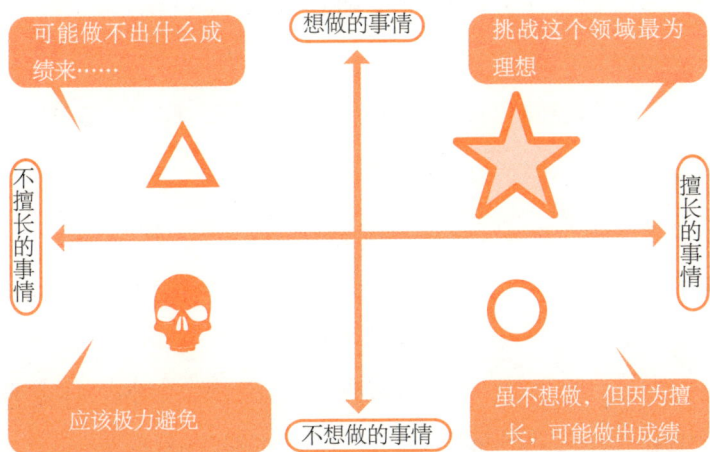

可能做不出什么成绩来……

想做的事情

挑战这个领域最为理想

不擅长的事情

擅长的事情

应该极力避免

不想做的事情

虽不想做，但因为擅长，可能做出成绩

有很多朋友存在误解，认为只要选"想做的事情"，坚持下去就能做出成绩。但实际上，一味埋头于自己"想做的事情"，也有风险。因为如果这件事是您不擅长的，那不管多喜欢，也不管做多久，都不一定能做出什么成绩来。

根据图表，我们知道在提升个人能力的时候，**最好挑战自己"擅长"又"想做"的事情。**

反之，最糟糕的选择就是自己"不擅长"又"不想做"的事情。可能有的人会因为某种工作很赚钱，所以压抑自己也要选择这个自己既"不擅长"又"不想做"的事情。但是这样一来，说不定在什么时候就会遇到瓶颈或困难，结果并不像期待的那样美好。

人生也好事业也罢，都像马拉松比赛那样具有很长的跨度。在马拉松比赛中，一开始并不需要领跑，但要有始终坚持的韧性，一个个超越对手，最终取得好名次。

如果能默默地坚持自己喜欢又擅长的事情，就可能在适当的时机提速，最终以优异的成绩冲过终点。

这种韧性（或者叫动机、干劲），只有在做自己喜欢的事情时，才会产生。所以，喜欢又擅长的事情，才是首选的对象。

前段时间很流行一句话："要想在某一领域做出成绩，至少要投入 1 万小时的时间。"一件事情，要能坚持做 1 万小时，兴趣非常重要。不感兴趣的事情，做 1 万小时，简直是一种折磨。

关于做事与时间的关系，在第 3 章中我已介绍过。1 万小时到底是个什么概念，下页的图表将为您详细说明。而且，花时间是一方面，单位时间的效率也很重要，效率低的人和效率高的人，同样花 1 万小时，结果肯定有天壤之别。

1 万小时是个什么概念?

1 天花几个小时	需要多少天	需要多少年	1 天花几个小时	需要多少天	需要多少年
1	10000	27.4	11	909	2.5
2	5000	13.7	12	833	2.3
3	3333	9.1	13	769	2.1
4	2500	6.8	14	714	2.0
5	2000	5.5	15	667	1.8
6	1667	4.6	16	625	1.7
7	1429	3.9	17	588	1.6
8	1250	3.4	18	556	1.5
9	1111	3.0	19	526	1.4
10	1000	2.7	20	500	1.4

再进一步讲,自己想做的事情,具有多少市场价值,而且未来的市场价值能否升值,也是需要我们认真思考的问题。我建议大家,一开始就在市场价值有可能升值的事情中寻找自己擅长又喜欢的。换句话说,在当今这个瞬息万变的时代,我们要依据"擅长""喜欢"和"有升值空间"三个要素来选择自己该做的事情。

▶ "大体上还算擅长的领域"，可以为自己的将来提供更多可能性

　　如果勉强自己去做不喜欢的事情、难以激发热情的事情，不但难以做出成绩，而且时间长了还会给自己造成过度的精神压力。

　　但我们也常听长辈说："想靠喜欢的事情养活自己，也太任性了吧。"可能长辈们认为喜欢的事情都是"不用付出辛苦的事情"，一般也不怎么赚钱。在他们看来，年轻人应该把目光投向那些市场价值高的工作，即使自己不喜欢，也应该去做。在他们的思维方式中，工作就是为了赚钱。

　　确实，对刚毕业的大学生来说，与挑来选去专找自己喜欢的工作相比，更应该脚踏实地一些，找那些对提升自己人力资本有益的工作。这种有益的工作，也许并不是自己的兴趣所在，也应该坚持一段时间。因为在工作的过程中，也许我们能找到自己真正喜欢的工作。

　　而且，如果从一开始就找到自己喜欢又擅长的工作，也未必是一件幸事。因为日后想跳到其他领域，实现职业升级，就非常困难了。另外，在经验尚浅的阶段，对自己到底喜欢什么、擅长什么，往往

也把握不准。

　　现实中也很少有人非常幸运地在年轻时就找到自己喜欢又擅长的事情。面对现实，我们先从自己不太喜欢的事情开始挑战也无妨。**即使自己不太喜欢这个工作，也要努力做到"大体上还算擅长"的程度。这种大体上还算擅长的领域，将为您的未来提供更多的可能性。**如果一个人能在好几个领域都做到"大体上还算擅长"的话，那日后可走的路就会宽阔很多。

　　通过不断地试错，最终如果能找到自己喜欢又擅长，而且未来升值空间又很大的工作，那将是多么幸福的一件事情啊。

　　也许有人会说："世间哪有那么好的事情，你想得太简单了！"但我坚信，只要设定好目标，并坚定地朝着它不断努力，我们一定能找到这种工作！

▷ 看透"自己"与"敌人"的能力

《孙子兵法》中有句名言："知己知彼，百战不殆。"这句话中的"己"，在工作领域我觉得可以换成个人利润表（P/L）和资产负债表（B/S）的内容，而与"己"相对的"彼"，应该是时代发展的趋势。

英国牛津大学的研究称，随着人工智能的发展，在不远的将来一些职业将会消失，被人工智能所取代。所以，今后还从事这些职业的人，未来可就堪忧了。

未来有可能消失的职业

- 银行的融资业务员
- 体育比赛裁判
- 房产中介
- 餐厅迎宾员
- 保险审查员
- 薪金、福利负责人
- 收银员
- 娱乐设施的引导员、检票员
- 美甲师
- 审核信用卡申请人信用状况的审核员
- 律师助理
- 酒店前台服务员
- 税务申请代理员
- 图书馆管理员助理
- 数据输入操作员
- 调查、处理投诉的人员
- 会计、审计的事务员
- 检查、分类、采集样本、测定样本的操作员
- 照相机、摄影机的维修工
- 金融机构的信用分析员
- 配眼镜、隐形眼镜的技术员
- 测绘技术员、地图制作技术员
- 建设机械的操作员
- 访问推销员、报摊经营者、路边摊经营者
- 涂装工人、墙纸张贴工人

在人工智能高速发展的今天，如果您看不清哪些技能有可能在未来消失或被机器取代，还一味地学习这种技能，相信日后的回报率会非常低，甚至为零。

反之，如果您从现在就开始学习有关人工智能的知识、技能，那么10年后，当社会急需人工智能人才的时候，您就可以赚大钱了。

从去年开始，我们就能频繁听到"区块链（分布式公共账本）"这个词。一些相关专家也经常在各种媒体抛头露面，向大家介绍区块链知识。在5年前，区块链还鲜为人知，因为那个时候，一般人对区块链这种东西并不关心。如果把社会趋势比作"敌人"的话，那么了解敌人，就相当于"预测未来的社会趋势"。现在社会上影响力很大的区块链专家，就是在大家都没有注意到区块链的时候，已经预测到这种技术将会得到广泛应用。于是，从那时起他们就致力于区块链技术的研究，早了大多数人一步。所以现在他们才能靠这个领域的知识赚钱。

还有一点我们必须重视，那就是日本不断增加、提高的课税。不管在哪个年代、哪个国家，税金都是个人资产负债表（B/S）增加的一个障碍。从某种意义上说，税金也是我们的一个"敌人"。

举例来说，直到2016年6月，为了逃避税金这个敌人，日本人可以把资产转移到国外去。但是在2016年7月，日本颁布了出国税，如果一个日本人持有股票，那么出国时，股票增值部分就要征税。所以，为了增加自己的资产，我们需要研究税制，并进行合理避税。

顺便说一句，在日本当前的税制下，数字货币尚未纳入出国税的课税对象。所以，2018年，持有数字货币的日本人大量移居新加坡和香港。

▶ 为什么说年收入 1000 万日元是损失？

一般来说在日本人的观念中，认为如果一个人的年收入能够达到 1000 万日元，这个人的赚钱能力就相当强了。

年收入达到 1000 万日元，在日本就会被列入"有钱人"的行列。很多经济杂志经常以"年收入 1000 万日元"为主题，报道那些"成功人士"。可见，年收入 1000 万日元在日本是有钱人和没钱人的分界线。

但是，从利润表（P/L）中的费用来考虑的话，也可以说年收入 1000 万日元的人，是"最吃亏"的。为什么这么说？请先看下面的公式。

1000 万日元－600 万日元 =250 万日元

看了这个公式，有朋友可能会说："你是不是算错了啊？"别急，且听我细细道来。实际上，一个年收入 600 万日元的人，把收入提高 400 万日元，使年收入达到 1000 万日元，但他拿到手的钱只增加了 250 万日元。因为收入提高后，要缴纳更多的年金、与社保相关的税金等，所以实际到手的钱，并没有那么多。

在这里我省略了详细的计算过程，给您举个例子吧。有一个

42 岁的男子，他一家四口人，太太是全职主妇，有一个上高中的大儿子和一个两岁的小儿子。假设这个男子的年收入是 1000 万日元，但他拿到手的钱只有 750 万日元左右。而一个年收入 600 万日元的 42 岁男子，他拿到手的钱大约是 500 万日元。也就是说，年收入增加 400 万日元的话，实际增加的钱只有 250 万日元左右。

从合理避税的角度来看，一个人每年挣 1000 万日元，不如夫妻二人都工作，合计挣 1000 万日元来得划算。夫妻二人都工作的话，只要合计收入不达到某个临界点，实际到手的钱就可以非常接近账面数字。比如，夫妻年收入超过 910 万日元的话，就不能再享受高中就学支援金制度（高中学费免费）。另外，如果夫妻年收入超过 960 万日元，也不能再享受儿童津贴制度。

因为日本实施累进税，所以收入越高，课税负担也就越重。所以，如果您的年收入超过 1500 万日元，达到 2000 万日元或 3000 万日元，就要做好缴纳高额税金的心理准备。比如，如果您的年收入达到 4000 万日元，就需要缴纳 45% 的个人所得税和 10% 的国民税，合计税率高达 55%。

缴纳这么多的税金，当然是对国家和地区做出了巨大的贡献。但从个人利润表（P/L）、资产负债表（B/S）的角度来看，高收入是非常低效率的事。

当您的年收入超过 1000 万日元，税率超过 20% 以后，就可以考虑增加以下金融所得（利息收入和资本收入）。在日本当前的税制中，金融所得的征税率一律为 20.315%。不管通过金融投资获得多少收益，征收的税率都是 20.315%。

所以，积累到一定资产的人就开始考虑金融投资。另外，从法人税率相对较低这一点来看，很多人也会注册资产管理公司，成为法人来合理避税。

▶ 有钱人热衷于投资孩子教育的真正理由

富裕阶层和成功人士，对于子女的教育投资，从不会吝啬。我身边就有一位很会赚钱的经营管理顾问，他每年要花 360 万日元，给孩子请一位培养领导能力的私人教师。

为什么有钱人如此热心于子女的教育呢？如果要用一句话来概括的话，我认为是"**头脑不需要纳税**"。

不管我们在世的时候积累了多少财富，当孩子继承的时候，都要缴纳一笔遗产税。日本的遗产税税率高达 55%，在全世界范围内也算相当高的了。所以我们常能听到"继承遗产马上破产"的悲剧。而且，如果子女、孙辈没有能力的话，不管继承多少遗产，也只能坐吃山空，总有一天要花完。日本有句俗话叫"财富吃不了三代"。

好不容易积累的财富，希望能让孩子过上好生活，这是父母的普遍心态。但要把大部分都以遗产税的形式交给国家，就划不来了。所以，我们应该把钱花在孩子的教育上，培养他们自己赚钱的能力。

实际上，**从避免高额遗产税的角度来看，把钱投在孩子的教育上，是最好的资产转移**。

富裕阶层或成功人士会把孩子送到名校，如国际学校、私立学校去接受精英教育，等孩子长大又会为他们准备去海外考取 MBA 学位的资金，还会花高昂的学费聘请一流的私人教师对孩子进行单独指导。他们随随便便就会花数千万在孩子的教育上，甚至还会搬到教育环境好的地方居住，效法中国古代的"孟母三迁"。

从小就生活在良好的教育环境中，孩子长大后步入富裕阶层或成功人士行列的概率大大增加。而且，因为周围的人都是接受过良好教育的朋友，也为以后铺垫了高质量的人际关系。另外，从小接受国际化教育的孩子，可以见识到各种各样的价值观、世界观，对于提升思考能力、解决问题的能力大有帮助。也就是说，孩子具备了赚钱的能力，即使不能从父母那里继承一毛钱，日后也同样可以靠自己的力量赚钱。

日本象棋六段选手藤井聪太小时候接受过蒙台梭利教育。最近，蒙台梭利教育成为家长们热议的话题。谷歌创始人拉里·佩奇和亚马逊创始人杰夫·贝佐斯，小时候也受过蒙台梭利教育。

蒙台梭利教育注重培养孩子的思维能力和解决问题的能力，长大后更容易取得成功。

从小就培养出赚钱的能力，凭借这个能力获得回报的周期就是未来的七八十年。所以，越早在教育上投资，日后获得回报的周期就越长。10 岁就具备赚钱能力的人和 50 岁才具备赚钱能力的人相比，二者的成就必定相差巨大。

教育投资和金融投资的理念很相似。投资金融产品的时候也是越早开始，回报周期越长，获得的回报越丰厚。

在孩子的教育上投资，就等于提升了孩子的人力资本，如此，孩子日后的赚钱能力就会很强。越早掌握赚钱的能力，孩子未来的可能性就越多。当然，国家还不会对人的赚钱能力征税。

另外，对父母来说，帮孩子提高赚钱能力之后，还能缓解自己对养老问题的焦虑。我父母曾经就半开玩笑地对我说："等我们老了，你要养我们啊。"我的回答是："那是当然！"如果等到父母老去的那一天，无法工作挣钱的时候，我会义不容辞地在金钱和精神上照顾他们。这是理所当然的事情，但前提是我必须有能力，必须有足够的金钱。

大家看第 219 页的图表就能明白，父母对孩子头脑的投资，要使用资产负债表（B/S）的现金，而花出去的这笔钱，自然而然地就转化为孩子资产负债表（B/S）中的人力资本。

而且，日本不会对教育费征税。所以，父母把现有的资产以投资教育的形式转移给孩子，是最为经济的。

亲子间资产的转移（父母的资产转移到孩子的人力资本）

P/L
利润表

B/S
资产负债表

父母

费用	收益	资产	负债
餐费、交通费等	薪水收入（月薪、奖金等）职业	现金 有价证券 保险	负债 = 借款
利息损失	利息收入 资本收入	人力资本 知识技能 金融技能 信用 无形资产 健康 人脉	净资产
资本损失		其他	
利润 储蓄 = 留存收益			

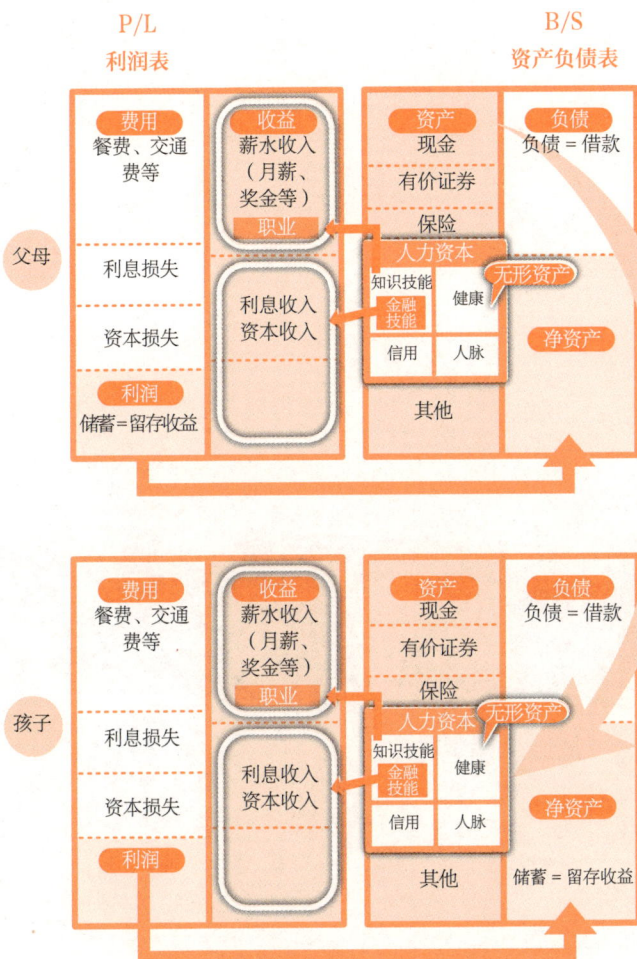

对孩子人力资本的投资不需要纳税！

孩子

费用	收益	资产	负债
餐费、交通费等	薪水收入（月薪、奖金等）职业	现金 有价证券 保险	负债 = 借款
利息损失	利息收入 资本收入	人力资本 知识技能 金融技能 信用 无形资产 健康 人脉	净资产
资本损失		其他	储蓄 = 留存收益
利润			

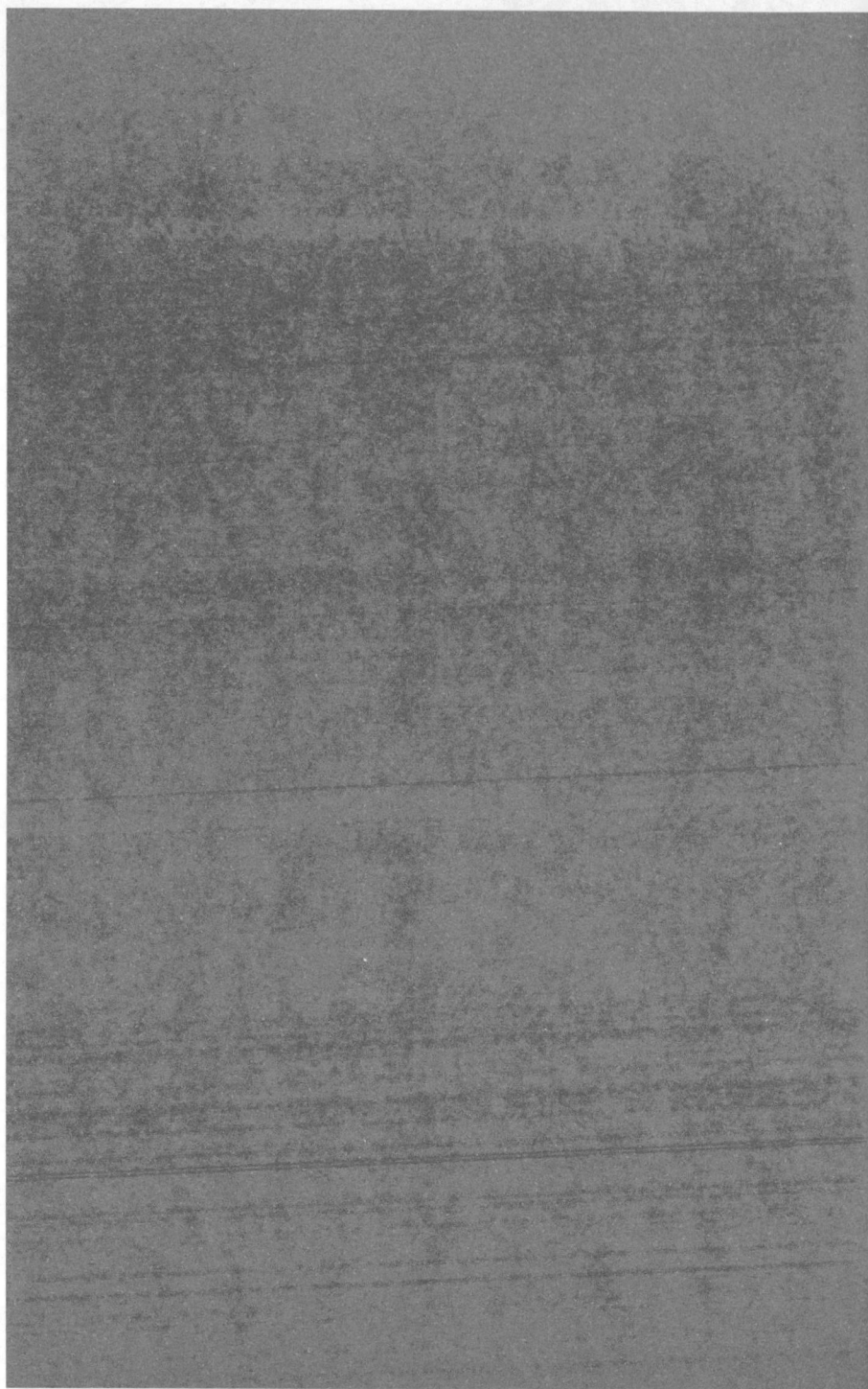

第5章

让 "钱生钱" 的赚钱能力——
金融资本

"要动用现金的话，我就用在更赚钱的地方！"

这就是富豪的思维方式，钱是用来生钱的，最好是借钱
生钱。

个人投资理财的过程中，也可以应用这种思维方式。

▶ 了解资本主义社会的基本规则

从第 1 章开始我就反复强调过，为了控制自己的利润表（P/L）和资产负债表（B/S），我们不仅要"自己工作 / 赚钱（人力资本）"，还要考虑"让钱工作 / 赚钱（金融资本）"。

在这一章中，我将面对投资初学者，教您如何将金融资本最大化，教您如何运用金钱 PDCA，教您最基本的金融知识和技能。不过我不会具体介绍各种各样的金融产品、不动产投资项目等。如果您对此感兴趣的话，可以参考拙作《私人银行教富裕阶层做些什么？》（钻石社）。

首先，在动用资本进行投资之前，我们必须弄清楚一个大前提——我们生活在一个什么样的社会。

2014 年，托马斯·皮凯蒂的著作《21 世纪资本论》被译成日语在日本面世之后，马上成为超级畅销书。当时大家对那本书的追捧，至今仍令我记忆犹新。那本书中提出了下面这个不等式：

r>g

皮凯蒂用 15 年时间对过去 200 年的数据进行了整理、分析，结果就得到上面这个不等式。

r 代表资本收益率，g 代表经济增长率，r>g 表示资本收益率大于经济增长率。也就是说，利息、投资回报、股票分红、贷款收益等资本收益，比薪水所得高。

根据这一理论，我们应该把自己的资本利用起来，也就是使用资本进行投资。

为什么会得到这样的结果呢？分析一下我们当前所处的社会阶段，便能一目了然。我们生活的社会是"资本"主义社会。

资本主义这个系统，运行的前提是经济、资本、市场都处于上升状态。如果不能持续上升，资本主义这种社会制度就不能成立。

也就是说，如果经济、资本持续上升的话，我们靠投资来赚钱是比较聪明的选择。

2008 年的次贷危机，我也亲身经历了，简直如噩梦一般。次贷危机爆发之后，日本中央银行采取了零利率政策，结果被人们称为"资本主义的崩溃"。

但现在，日本经济已经从那次危机中恢复，回想当初的危机，虽然依然让人心有余悸，但似乎已经离我们远去了。现在的日本经济，已经恢复到泡沫经济崩溃以来的最好状态。因次贷危机经济低迷了很长一段时间的美国，当时也接连爆发了多次游行示威，示威者打出的口号是"占领华尔街！"但随着经济的好转，游行示威也渐渐平息，人们又恢复了正常的工作和生活。

当经济不好的时候，百姓的不满就如同火山爆发一样集中喷薄而出。2009 年至 2010 年，我曾多次到访纽约，亲眼见到了美国百姓的游行示威。但美国经济稍有恢复，游行示威就消失了。

2017 年我再次造访纽约的时候，虽然见到了民众反对特朗普总统的游行示威，却没发现不满经济状况的游行示威。也就是说，只要经济在向上发展，即资本在增加，百姓就不会感到不满。

回顾历史我们也可以发现，不管在什么样的政治体制下，只要经济繁荣、国家强盛，百姓就不会闹事，也就是社会保持了一种平衡状态。

只要我们生活在"资本第一"的社会规则之下，努力让自己成为资本家是最为有利的。《福布斯》杂志日本版的富豪排行榜上位居前列者，可以说全都是资本家，这也如实地反映了我们现在所处的社会是资本主义社会。

《福布斯》日本富豪榜前20位（2017年）

排名	姓名	年龄	资产（日元）	企业名	前届排名	婚否	毕业大学
1	孙正义	60岁	2兆2640亿	软银	2	已婚	加利福尼亚大学伯克利分校
2	柳井正	68岁	1兆8200亿	讯销集团	1	已婚	早稻田大学
3	佐治信忠	71岁	1兆4650亿	三得利控股公司	3	已婚	加利福尼亚大学洛杉矶分校安德森管理学院
4	滝崎武光	72岁	1兆3880亿	基恩士公司	4	已婚	兵库县立尼崎工业高中
5	三木谷浩史	52岁	6770亿	乐天	5	已婚	哈佛大学商学院（MBA）
6	高原庆一朗	86岁	5000亿	尤妮佳	7	已婚	大阪市立大学
7	森章	80岁	4880亿	森信托	6	已婚	庆应义塾大学
8	毒岛秀行	64岁	4660亿	三共公司（SANKYO，赌博弹子机生产商）	8		庆应义塾大学
9	伊藤雅俊	93岁	4100亿	柒和伊控股公司	10	已婚	日本横滨市立商业专门学校（现横滨市立大学）
10	三木正浩	62岁	4050亿	ABC Mart	11	已婚	东邦学园短期大学
11	韩昌祐	86岁	4000亿	Maruhan公司	9	已婚	法政大学

续表

排名	姓名	年龄	资产（日元）	企业名	前届排名	婚否	毕业大学
12	永守重信	73岁	3890亿	日本电产	13	已婚	职业能力开发综合大学
13	似鸟昭雄	73岁	3660亿	NITORI	15	已婚	北海学园大学
14	前泽友作	41岁	3330亿	Start Today	18		早稻田实业高中
15	重田康光	52岁	3310亿	光通信	16	已婚	日本大学（中途退学）
16	森佳子	77岁	2830亿	森大厦	14	遗孀	庆应义塾大学
17	木下盛好	68岁	2600亿	ACOM	12		庆应义塾大学
18	冈田和生	74岁	2440亿	环球娱乐集团	29	已婚	东京电视技术专门学校
19	小林一俊 小林孝雄 小林正典		2260亿	高丝集团	19		庆应义塾大学
20	大塚实 大塚裕司	94岁 63岁	2150亿	大塚商会	17		中央大学 立教大学

摘自：*Forbes JAPAN*

为什么犹太人愿意投资在金融和资源领域？

在投资领域，有一句格言："不要把所有鸡蛋都放在一个篮子里。"这是风险管理的基本常识，实践方法就是分散投资。

很多关于赚钱、投资的书籍中，都会强调"分散投资的重要性"。

我说犹太人投资首选金融和资源领域，看上去投资方向比较集中，是不是有违分散投资的原则呢？在这里，我并不否认分散投资的重要性，对资金很多的人来说，分散投资可以最大限度地降低风险。那我们来看看犹太人为什么喜欢投资金融和资源领域呢？

在犹太系企业中，如JP摩根、摩根士丹利、高盛等，无不是领导世界的大企业。

实际上，金融和资源是存在一定关联性的。

当经济景气的时候，金融上涨；而当经济不景气的时候，金融下跌，资源上涨。这是投资界一个公认的现实。比如，在"9·11"事件爆发后，银行类股票价格大跌，但因为人们预期可能发生战争，所以资源类股票价格大涨。

在世界经济日趋复杂化的今天，要找出哪类股票上涨的同时哪类股票下跌的相关性，并不容易。因此，分散投资的重要性愈发明显。

所谓资本运作，最重要的就是找到"安全性"和"高效率"的平衡点，绝不可以一味追求高效率。

从安全性和效率性并重的角度来看，一个典型例子就是国家用国民缴纳的社保资金进行投资时，必须进行分散投资，不能只买国内的股票、债券，还会配置一部分外国的股票和债券等。

但对个人投资者来说，就有所不同了。个人投资者可用资金规模小，但钱少也有钱少的优势。在对个股进行分析的时候，可能要采取与分散投资相反的思维方式，这一点希望大家理解。

个人投资者在甄选个股的时候，需要从以下四个视角进行分析。

（1）投资自己熟悉的公司；

（2）长期投资是前提；

（3）把握好"节日"过后的时机；

（4）投资前先考察企业的经营者。

在接下来的小节中，就为大家一一讲解上述四个视角。

▶ 业余投资者战胜专业投资家的方法

首先，我们来看看"投资自己熟悉的公司"。

美国著名投资家彼得·林奇有一本著作名为《彼得·林奇的成功投资》。书中说："业余投资者只要选股视角没搞错，可以取得比专业投资家和整体市场更好的成绩。"

《彼得·林奇的成功投资》在投资界被称为经典中的经典，没有读过这本书的基金经理，不是一位好的基金经理。书中还说过："投资方法得当的话，业余投资者也能战胜专业投资家。"

专业投资家拥有一般人接触不到的信息，而且也更善于对市场和企业进行分析。所以，业余投资者想要战胜专业投资家并不是一件简单的事情，不能和他们硬碰硬。

对普通投资者来说，即使想通过购买丰田、苹果等知名大企业的股票赚钱，恐怕也难以战胜专业投资家。因为他们掌握了这些企业的更多信息，分析能力、分析手段也更专业，他们更了解什么时机适合买入、什么时机适合卖出。而更加专业的外汇市场，对于业余投资者的门槛就更高了。

但是，专业投资家也并不是占尽了优势，他们也受到一些限制。

对基金经理来说，即使他可以完全无视政治因素，尽量去挖掘那些最赚钱的股票，也不敢碰关联企业的股票，因为制度上是禁止的。还有各种各样的限制，成为专业投资家的软肋。

而且，一个基金经理，全部工作的四分之一要拿来对直属上司和终极上司（客户）进行投资说明，用于研究市场的时间只有四分之三。

而业余投资者则没有这样那样的限制，不需要花四分之一的时间向上司和客户解释为什么现在要买这只股票，也可以随便购买价格在 6 美元以下的股票，但制度规定基金经理不能购买 6 美元以下的股票。而且，业余投资者可以只买 1 只股票，也可以买 4 只、6 只、10 只……没有任何限制。找不到合适的股票，也可以不买，静待时机。但基金经理就无法做到这些。

没错，业余投资者比专业投资家的自由度更高。所以，高明的业余投资者也可以在专业投资家的夹缝中活得生机勃勃。

业余投资者 vs 专业投资家

> "投资方法得当的话，业余投资者也能战胜专业投资家。"
>
> ——彼得·林奇

专业投资家的劣势

○ 很多机构投资者在选择股票的时候，思维会受到行业专家的影响。比如，一只股票如果没有得到多数华尔街分析师的推荐，他们基本上不会选择。

○ 制度和规则对基金经理投资的行业和领域有一定的限制。

○ 基金经理工作时间的四分之一要对上司和客户进行解释和说明。

业余投资者的优势

○ 不需要像基金经理那样每三个月或半年必须接受一次投资结果的评价（没有时间限制）。

○ 不用花时间跟谁进行解释说明，也没有太多投资规则的限制。

○ 选择什么股票也不用向谁说明。找不到合适的股票，也可以暂时不买。

业余投资者通过股票投资战胜专业投资家的方法

- 业余投资者作为消费者，同时也是某个行业的从业者，可以选择自己熟悉行业的股票。
- 可以选择专业投资家不能选择的股票。
- 业余投资者可以把时间当朋友，静静等待合适的时机入场。
- 没有找到合适的企业时，可以不买。

▶ "消费者中的专家"与"业界中的专家"

任何人都有自己不擅长的领域，也有自己擅长的领域。在投资的世界里，如果业余投资者善于在自己擅长的领域选择股票，收益率也可能战胜专业投资家。

举个例子，假设您是一家软件公司的职员，因为工作中积累的经验，您只要一看 app（应用程序或软件）下载排行榜，就能估算出一款 app 的下载量大体是多少，创造的利润大体是多少。再比如，假如您看到同行业的某家公司"最近录用了很多应届大学毕业生"，就可以判断这家公司最近对自己的业绩比较有信心。当您预计某公司开发的一款 app 未来市场前景广阔，该公司没准会凭借这款 app 一飞冲天，那就可以果断买入这家公司的股票。

我有一个朋友是一个连锁餐饮企业的经营者，他在股票投资中就非常成功。我看他买的都是餐饮相关企业的股票。因为是他熟悉的领域，所以只要看到"这家公司经营的餐厅客人不断增加"，他就会判断这家公司业绩在不断增长，股票也可能上涨。再看"那家餐饮公司最近频频在各种媒体上做广告"，他就会预测这家公司的业绩可能开始下滑，不宜买他家的股票。

也就是说，在自己熟悉的领域，业余投资者也可以和专业投资家较量，甚至前者比后者的优势更大。当然，内幕交易是违法的，大家决不能触碰这个底线。但还有一种不违法的"广义内幕交易"，即精通该行业或企业信息，通过自己的分析抓住投资时机。

其实在我们的日常生活中，也随处可见投资的信号。比如在2013年至2104年，一家名叫"突如其来的牛排"的牛排店开始火爆，店门前经常排起长队。看到这种情况，您就应该去了解这家店背后的公司。经营这家牛排店的公司叫"胡椒厨房"，如果您当时买入这家公司的股票就能赚大钱。实际上，从2013年年初到现在，"胡椒餐饮"的股票价格已经上涨了60 ~ 70倍。即使到2014年年底，该公司的股票价格也翻了五六倍。

家庭主妇同样可以进行股票投资，平时购物常去的超市、便利店也是情报的宝库。根据超市畅销的食品、日用品，没准就能发现具有升值空间的股票。如果家里有孩子，也可以从孩子身上找线索。比如，孩子最近痴迷的玩具、游戏，其背后的公司就可能在股市上爆发。多年前，曾经有一家儿童商品公司，其股票价格在很短时间内就涨了3倍，原因就是他们开发的一款儿童手表"怪物手表"迅速蹿红，成为热销商品。

在选择个股的时候，关键点是**自己作为消费者中的专家、某个**

行业的专家，选择那些自己熟悉的公司的股票。即使您是业余的股票投资者，但您肯定是资深的消费者，或者在某个行业已经工作多年，凭借这些经验，您也同样可以选到赚钱的股票。

▶ "别人推荐的股票"多半是陷阱

说"别人推荐的股票"多半是陷阱，并不是说推荐股票的人有意害我们，而是说轻信别人推荐的股票，而我们对那个行业、那个企业并不了解的话，赔钱的风险极大。举例来说，一个朋友跟我说："有一家制药企业看上去不错，他们正在开发一种新药，趁现在赶快买他们的股票！"如果我听朋友的推荐，买了那只股票，就危险了。（当然，专业投资家推荐的股票另当别论。）

为什么有危险？因为当这只股票价格下跌的时候，我们难以割肉止损。如果是自己熟悉的股票，那我们自己可以做出判断，如"这种程度的下跌影响不大，这家公司业绩很好，下跌肯定只是短期调整"。但是，别人推荐的股票，我们完全不了解其背景，无法对该股票的价格做出准确判断，下跌的时候到底该割肉止损还是继续持有，很难做出决断。结果往往错失止损良机，最后陷入深套。

另外，如果是自己熟悉的股票，即使割肉止损，我们心里也不会去抱怨谁，只怨自己"判断失误"。但如果是被人推荐的股票下跌了，给我们造成了损失，我们必定会把责任怪罪到推荐人头上，心里难免会对那个人产生怨气。

在投资股票的过程中，最重要的是时刻做好止损的心理准备。

著名漫画《灌篮高手》中有一句名言："控制了篮板，就等于控制了比赛。"我在海外工作的时候，发现在对冲基金经理之间也流行一句名言："谁控制了止损，谁就控制了投资。"但买了别人推荐的股票，我们很难下决心止损，所以这是一个大陷阱，投资股票的朋友一定要注意。

▶ 为什么专业投资家难以把时间当作自己的同伴?

接下来，**"长期投资是前提"**也是业余投资者战胜专业投资家的一个关键点。投资股票的时候，我们要把时间当作朋友，长期持有，等待股票大涨的时机。

机构投资者、基金经理等专业投资家，是帮客户投资赚钱，通俗地讲就是用客户的钱炒股票。根据客户的要求，必须在一年后或两年后，获得一定的收益，即短时间内获得收益。因此，即使那些专业投资家找到一家很有前景但预计10年后才能大发展的企业，他们也不能买那家公司的股票，因为客户等不了那么久。

另外，专业投资家也不会买流动性低的股票。以1000亿日元规模的基金为例，基金经理不会碰那些单日成交量只有1000万日元的股票。除了这些制约因素之外，再比如社保基金等更注重安全性的机构投资者，就不能在东证创业板（MOTHERS）投资。

与此相对，**业余投资者就没有时间上的限制，做10年、20年的长期投资完全没问题**。如果预测某只股票会在10年后才可能爆发，现在就可以提前布局，长期持有这只股票。业余投资者可以选股的范围也更宽，专业投资家不可以或不愿意购买的股票，我们都可以选。这也正是业余投资者的优势之一。

不过，没有专业投资家的知识、信息和分析能力，业余投资者想靠自己的眼光甄选出未来可能快速发展的行业或个股，并不是一件容易的事情。在这里我教大家一个简单的方法，那就是参考专业投资家对未来的预测文章。

在第 4 章我讲过，IT 领域，美国的高德纳咨询公司每年都会发表名为《新兴技术的炒作周期》的调查报告。参考这篇报告，就是预测未来的一条捷径。

10 年前，当我还在证券公司工作的时候就明白一个道理，证券从业人员的价值在于他所"掌握的信息"。所以，当时我的工作之一就是收集各种信息，为客户（主要是企业经营者）写市场调查报告。

但是，如今随着互联网的发展，大部分投资信息我们都可以自己从网上查到。只要我们头脑中时刻伸出收集信息的天线，就能敏锐地捕捉到未来经济、科技的发展方向。

如果您对某一行业非常熟悉，在这个领域内投资，也可以"跟着感觉走"。拿我来说，我经营的是一家金融科技公司，对这个领域的其他公司了然于胸。哪家同行公司"要更上一层楼"了，我凭感觉就可以预测到。

选择股票，我们不能把公司公布的公告作为唯一判断依据。生活中听到的"小道消息"也有一定参考价值。比如，"最近常听到这家公司的正面新闻""在咖啡馆里经常听到有人谈论那家公司""那个 app 最近在下载排行榜中排名不断上升"……

如果非要等到一只股票临近暴涨才出手购买，恐怕多半猜不准节奏。很多股票的暴涨都是突如其来的，当股价涨了很多时再买，一是收益已经大打折扣，二是面临的风险也很大。所以，如果发现有前景的股票，哪怕多持有一段时间，也要尽早布局。

▶ "节日" 过后的机会

"把握好'节日'过后的时机"，也是业余投资者出奇制胜的一个妙招。

这里所说的"节日"，是指一只股票突然暴涨，成为股民热议的话题。

举例来说，Facebook（脸书）上市的时候，引起了世人极大的关注，成为股民街头巷尾、茶余饭后都在谈论的话题。所以，Facebook 上市之初，在极短的时间内，股价就由 42 美元一口气涨到了 50 美元左右，随后迅速冷却，一路下跌到 20 美元以下。Facebook 的股票也渐渐淡出了人们的视线。不过，之后才是真正的上涨，Facebook 的股票开启了稳步上涨之路。近年来，Facebook 的股价已经超过 180 美元。

美国有一家名叫"First Solar（第一太阳能）"的公司，是一家太阳能光伏模块制造商。该公司掌握了低成本利用太阳能发电的技术。在 2014 年，这家公司大放异彩，成为大众瞩目的焦点，股票也是高歌猛进，真像"过节"一样。但随后，迎来的是大逆转，该公司股票大幅暴跌。但止跌之后，又开始一路稳步上涨，直到现在。

佑玛战略控股是缅甸的一家公司，也是缅甸第一家在新加坡挂牌上市的公司。受到缅甸民主化的影响，该公司股票曾迎来了一波暴涨。但"节日"过后，股价又在短时间内遭到"腰斩"，随后又开始慢慢上涨，不断创出新高。

由此可见，股票像"过节"一样暴涨，不是投资的好时机，随后多半会伴随暴跌。但暴跌到谷底之后，就该进入真正的成长期了。这个时候才是投资的好时机。这种现象在国内外已经出现了无数次。现在的比特币，就处于"过节"的阶段。

如果一般公司职员都在吃午饭的时候讨论"那家公司的股票最近涨得很厉害，我们要不要买一点小赚一笔？"，这就是"过节"的明显征兆，千万不要买，因为随后可能是大跌。

当"过节"之后，大家都不想再谈论那家公司或股票时，才是买入的好时机。"那家公司的股票不行了。"当这种论调出现的时候，正是买入的信号。

大型节日或烟火大会的第二天，您到聚会的现场走一趟，肯定能在地上捡到一些人们遗落的零钱。股票投资也是同样的道理，"节日"过后总能尝到甜头。

美国著名机器人制造专家罗德尼·布鲁克斯曾经在"TED Talk"演讲中引用了英国科幻小说家阿瑟·C. 克拉克的名言："在短期内，我们会对技术做出过高评价，而在长期内，则又对技术做出过低评价。"

以人工智能技术为例，在短期内，也就是距离实用化还有很长一段时间的时候，大家都对人工智能的好处和威胁评价过大。当人们知道有这样一种技术被开发出来的时候，短期内会对其高度重视，认为："AI 将改变世界！"

但是，当人工智能技术真正进入实用阶段后，大家就见怪不怪了。那时又会用长期视角来看待这项技术，认为："AI 也没什么了不起嘛！"

当人们对人工智能技术的期待和评价开始降温的时候，这项技术才开始真正给我们的社会带来深刻影响。美国的页岩气项目，也是经历了"过节的盛况"和"节日过后的沉寂"，恐怕开发页岩气的企业马上就要开始靠页岩气赚钱了。

≫ 投资前要考察企业的经营者

"投资前先考察企业的经营者"，也是业余投资者可以一定程度上和专业投资家公平竞争的投资方法。

优秀的投资者不仅要分析投资目标企业的财务报表，还会考察该企业的经营者。为什么要考察经营者？因为财务报表只能反映企业的过去和现在，而经营者才能决定企业的未来。

如果把一个企业比作一辆汽车，那么在一线工作的员工就相当于汽车的发动机，但控制方向的人是企业经营者。经营者的人格、理念、抱负、热情、能力等，都是预测一个企业未来成长性的关键。

日本有句俗话："人不可能取得比他自己的目标更高的成就。"企业也是同样的道理，一个企业的发展，不可能高于经营者为企业制定的目标，更别说超过经营者的目标了。大部分企业都达不到目标，能实现目标的企业已经算很优秀了。所以，我们在预测一家企业未来的成长性时，必须考察经营者的目标，以及他对实现目标的热情、对结果的期待。

我在新加坡工作的时候，每次遇到欧美优秀的基金经理都会问他们一个问题："您觉得什么样的基金经理才算优秀的基金经理？"

结果，他们的回答出奇地一致：

"腿脚勤快，经常拜访很多经营者的基金经理。"

这些基金经理通过亲自走访企业经营者，和他们面对面地谈话，来判断他们的能力，以此提高自己投资的准确性和效率性。

风险投资家在选择投资项目的时候，也会遵循类似的原则。如果他们发现一种很可能赚钱的新经营模式，但觉得经营者没有魅力的话，也不会投资。反之，如果他们发现了一个浑身散发着热情和光芒的经营者，即使他所创造的经营模式还比较粗糙，风险投资家也可能给他们投资。

现在就有很多新兴企业资本金不足 1000 万日元，而且经营模式还在开发过程中，但风险投资机构对它的估值超过 10 亿日元，然后向其注资 1 亿～2 亿日元的情况也屡见不鲜。这就说明风险投资机构看中了经营者这个"人"。

说到这儿，可能有业余投资者会提出异议，说："我们作为个人投资者，哪有机会接触到企业经营者啊？"

但您只要有心，搜集信息的渠道还是有很多的。社交媒体、书籍、杂志、报纸、网络报道、演讲会等，都可以让我们找到一些企业经营者的信息。而且，如今面向个人投资者的说明会也到处都有。另外，如果您持有一家公司的股票达到一定数量，也有机会参加该公司的股东大会，到时就有机会见到经营者了。

顺便说一句，**在股东大会或预决算说明会上，根据企业经营者**

<u>的表现，我们就可以找到该买还是卖的线索</u>。一上台就充满自信侃侃而谈的经营者，多半对自家企业的业绩充满自信。这家企业的未来就很值得期待。总之，经营者的表情、动作、语气中，其实隐藏着很多信息，我们要有一双善于发现的眼睛。

▶ 经营者微博、微信的发帖量和发帖时机可以当作买卖股票的信号

其实，即使不用见面，也有了解企业经营者的机会，那就是关注"经营者的 Facebook、Twitter（推特）、微博、微信等社交媒体的发帖量和发帖时机"，说不定就能在其中找到买卖股票的信号。

举例来说，有一家风险企业的经营者，在他公司上市前的一年时间里，他每周都会在社交媒体上发几篇帖子。但是，当公司上市之后，他就很少更新社交媒体了。结果两个月后，该公司发布公告，下调业绩预期，股价也随之大跌。

但是，又过了一年半左右，经营者的社交媒体有了变化，他又开始频繁发帖。没多久，该公司发表公告称上调业绩预期，随后股价就开始一路走稳，不断上涨。因为经营者是最先了解公司经营状况的人，所以他的动向非常有参考价值。

一般来说，人逢喜事精神爽。当公司业绩良好的时候，经营者自然充满自信，他向外发送信息的数量自然会增多。反之，公司业绩不好的时候，经营者就会陷入沉默，并和周围人保持一定距离。

企业经营者在社交媒体的发帖量增加、参与社交活动的频率提

高，多半有好事发生，公司业绩有所提升。个人投资者也可以通过社交媒体了解这些信息。当然，也有一些对冲基金专门关注企业经营者的社交媒体，分析其中的数据，寻找买卖股票的信号。

▷ 学习投资的成本是最高的成本

我认为，投资的话最好从现在开始，一秒也不要耽误。有些朋友总觉得，我虽然对投资感兴趣，但没有专业知识，所以应该先学习再去投资。但结果往往止于学习，始终没有迈出投资实战的第一步。

实际上，不管有没有投资知识，有没有投资实战经验更为重要。通过投资实战，我们可以亲身获得各种各样的领悟。比如"这种程度的风险，我是可以承受的""如果风险超过这个限度，我就会坐立不安了"。另外，通过实战，随着我们对股票市场的理解不断深入，还会对个股、股市乃至国家整体经济都产生浓厚的兴趣。于是便会在日常生活中积极地搜集各种跟经济有关的信息。

学习投资所要花费的成本，是相当高昂的。一般来说，学习成本越高，所学知识的生命力就越长久，可能成为我们一辈子的武器。学习的内容越接近本质，学习的成本就越高。投资知识就是接近本质的知识。投资知识再加上实战经验，会让我们在投资中获得丰厚的回报。

一开始，我们可以只用几千日元、几万日元购买一些低价股。迈出实战第一步的价值，远比赚钱还是赔钱更大。

对投资初学者来说，我认为只用全部资产的十分之一用于投资股票比较合适。即使出现了重大损失，也不会对生活造成多大影响。这样能让我们在心理上更加游刃有余，不会有太大的压力。总之，我认为如果您打算投资股票的话，越早入市越好，一开始只需少量资金即可，而且千万不要融资或使用杠杆。

第一次买股票，如果股价下跌了，您一定能感受到心疼的感觉。我觉得就需要这种感觉，因为这种心疼的感觉能帮入门投资者建立风险意识。

另外，对于持有的个股，还要设定一个止损点，这是非常重要的。即使您打算长期持有一只股票，也应该设定止损点。当股票价格下跌 20% ～ 30% 的时候，应该卖出止损（短期投资的话，止损点应该设定在下跌 10% ～ 20%）。只有设定好合理的止损点，我们才不会因股票价格的波动时喜时忧。这样一来，不管对资产安全还是对精神健康，都有好处。

对于股票投资犹豫不决的人，可能认为炒股就跟赌博差不多。确实，买那些投资回报率在 30% 以上的高风险个股，确实跟赌博有相似的地方。但我们探讨的正确股票投资法就是要搞清楚"如何避免赌博心态"。

我有个朋友是对冲基金的经理，他所掌握的资金相当于东京证券交易所单日交易额的 1% 左右。我想，谁掌握着如此之大的资金量，都会感到相当大的责任和压力吧。但那位朋友告诉我，他从没因为股市行情的波动而失眠过。

基金经理的工作就是"对冲风险"。如果出现了损失，他们会采取多种手段将损失控制在最小范围内。这样一来，投资就不是赌博，而是"数学"游戏。对基金经理来说，收益和损失都是在可控范围之内的。

在投资的时候，最坏的思维方式就是"一招定输赢"。有的人把所有资金都投下去，希望一夜暴富，但也有可能瞬间倾家荡产，这就是典型的赌徒思维。为了避免这种情况的发生，我们应该控制投入的资金量，如果您觉得投入的钱即使全赔光，也不会对自己的生活有多大影响的话，那就是合适的资金量。原则上说，我们在投资的时候都应该设定一个止损点，如"跌 10% 必须割肉止损"。但很多人虽然为自己制定了这个规则，可在实际操作时往往难以守住底线。所以，我建议大家干脆控制投入的资金量比较好，可以防止冲动型操作。

要说现在哪种金融产品的风险最高，那非比特币莫属。比特币的流通总量是一定的，所以进入比特币市场的资金越多，比特币的价格就越高。

但是，今后政府将对数字货币出台怎样的政策还是不明朗，数字货币将会推广到什么程度也是个未知数，所以关于比特币的未来，我们难以把握。就拿 2018 年年初来说，比特币价格的涨跌幅度非常大。有可能一下子涨 10 倍，也会瞬间跌到原来的 1/10。

▶ 有些效果事后才会体现出来

在投资的过程中，利息收入也是不可小视的。假设年利率为3%，即使是单利的话，5 年也有 15%、10 年也有 30% 的利息回报。如果是复利的话，那收益就更加可观了。但要看到利息的威力，需要一定的时间，也就是说，效果会在事后才能体现出来，才能感觉得到。

每天坚持存 500 日元，或每天坚持背 5 个英语单词，都是需要一段时间之后才能看到效果。而且，日积月累的行动发挥威力的时候，其效果往往超出了我们的想象。

另外，股票分红也是累积见效的典型。如果我们长期持有一只股票，它每年的分红就可以摊薄我们的持股成本。若干年后，我们持有这只股票的成本已经很低了，即使股价发生大跌，我们依然是盈利的。

投资债券所得的收益，相当于利息收益，不会太高。但是，很多专业投资家称面向个人的国债是"最强的金融产品"。为什么他们如此看好面向个人的国债？因为它基本上不会出现"负回报"的情况。

通常，国债的价格是变动的，但面向个人的国债，其价格是固定的。因此，卖出手中的国债不会产生损失。即使中途解约，也不会有损失。面向个人的国债一般每半年付一次利息。如果客户中途解约的话，就只返还客户最近两次的利息。也就是说，只要我们持有一年以上，以后任何时候卖出手中的国债，都不会有损失。

现在，日本银行存款的利率是 0.05% 左右，比 10 年前的 0.8% 有大幅下降，但至少不是负利率。日本的存款利率已经降到了相当低的水平，以后再下降的空间非常有限，而利率上升的可能性很大。在这种情况下，如果您手中持有的是债券，那么在存款利率上升的过程中，债券的价格就会下降，也就会产生一部分损失。不过面向个人的国债就不存在这个风险。当存款利率上升的时候，面向个人的国债也会调整利率，这正是它的优势。

面向个人的国债，顾名思义，只允许个人购买，不允许机构投资者购买。因为这种债券有其自身的优势，所以机构投资者经常无可奈何地说："我们也想买'面向个人的国债'啊！"

股票投资也和房地产投资一样，投机者基本上可以分为两派：一派是靠股票价格上涨赚钱的人；一派是更看重每年分红的人。

另一方面，股票投资和房地产投资不同的一点在于，在炒股的世界里，想靠股票价格上涨来赚钱的人占大多数。我不是说这样不好，但因为我见过太多在次贷危机中赔得倾家荡产的股票投资者，还是觉得只靠股票价格上涨赚钱的风险太大了。

事实上，很多精英阶层、富裕阶层在涨跌十分剧烈的股票市场面前，都会先退一步，然后冷静地自问："如果我想靠股票价格上涨赚钱，能保证不赔钱吗？"当然，如果他们发现未来可能大涨的股票，当然也有兴趣买进一些。但总体来说，大部分精英阶层投资股票的基本出发点，是赚取分红的收益。

可是，平均来看，股票分红并不是很多。一般企业的股票分红收益率只有1%～2%，比很多金融产品的收益率还要低。假如您用1000万日元购买了一家公司的股票，那么持有5年的总收益率是5%～10%（50万～100万日元）；持有10年的总收益率是10%～20%（100万～200万日元）。

不过，这只是单利的计算方法。如果把分红再买成股票的话，就变成复利了，那结果也就大不相同了。运用得当的话，收益还是相当可观的。

在股市里靠分红赚钱，分到的红利是一部分，还有一个好处就是企业给股东的优待政策。

在日本，如果您持有一家航空公司的股票，那么您乘坐这家航空公司的国内航线，机票可以享受五折优惠；如果您持有一家服装公司的股票，那么您就有机会参加他们的品牌特卖会；如果您持有一家食品公司的股票，那么公司可能会给股东送自己的产品。那些平时您需要自己掏钱购买的商品，成为股东之后，就可以低价或免费获得，这不就等于赚钱嘛。另外，您作为股东低价或免费获得的商品，也可以在二手商品网站上出售变现。

而且，公司给持股股东的优待政策，对机构投资者或专业投资家来说，基本上没多大用处。即使有些优待政策可以换成现金，但对资金规模很大的机构投资者和专业投资家来说，那点钱简直不值一提。从这个角度来说，股东优待政策，对个人投资者的好处更大。

以分红收益为目的的股票投资，最害怕出现的情况就是公司业绩下滑，不分红。为避免这种情况的发生，在选股的时候我们就得做足功课。尽量选那些受整体经济形势影响较小、经营状况良好、未来前景广阔的公司。

我以前在证券公司工作的时候，面对以分红收益为主的客户时，向他们推荐的主要个股都是"制药企业"。观察一些大制药企业往年的分红情况，就会发现，他们的分红回报率基本都在 2% ~ 3%。在股市整体行情不错的年份，很多制药企业的分红回报率甚至超过 4%。恐怕任何人也不会因为经济不景气，生病就不吃药了。也就是说，制药企业受整体经济环境的影响比较小。

另外，除了制药企业之外，和人生命、健康相关的行业，如医疗器械、保健品等行业，也有相似的性质。尤其是日本老龄化社会越来越严重的今天，不管社会经济好与不好，这些行业都将在较长的一段时期内保持持续的成长。

跟健康有关的行业，其业绩受经济大环境的影响不大，所以在股票投资领域我们把这个行业称为"防守型行业"。如果以赚取分红收益为目标投资股票的话，首选这个行业。

▶ 压在我们投资上的"重力"

初次尝试投资的朋友，很多都会选择信托投资。但我还从来没听说过有人通过信托投资赚了大钱的。

恐怕很多购买信托投资产品的朋友，都是在银行或邮政局窗口办业务时，在工作人员的劝说下进行投资的。因为银行的工作人员都会摆出一副"专家"的模样，给客户进行耐心的讲解，所以一般人都不会产生什么疑问。

但投资老手大多不看好信托投资。

在投资金融产品之前，除了回报率之外，我们还要看买卖这种商品的手续费。

典型的信托投资产品，认购时要缴纳认购金额 3% 的手续费，还有管理费等费用。而持有期间的年收益率只有 1.5% ~ 2%（当然，不同的信托投资产品，收益率有所不同）。

很多入门投资者往往容易忽视手续费，看到信托投资产品有 1.5% ~ 2% 的收益率，总感觉比银行存款利息高多了，于是没多想就认购了。

但仔细分析一下就能发现，买卖信托投资产品，一开始就背负了 5% 左右的费用。要持有几年时间，收益才能将这部分费用抵消掉。

提高投资成功率的关键点就在于"不要跟重力对抗"。而**投资中最大的重力就是买卖金融产品时的"手续费和税金等"**。

我们在日常生活中不容易主动去感受重力的存在，那是因为我们早已习惯了重力的存在。其实只要生活在地球上，时刻都不能脱离重力的影响。同样的道理，因为习惯成自然，很多人不会重视手续费、税金的存在，但从投资的角度来看，这部分费用将极大地影响我们的收益。

要想积累更多的金融资本，我们必须想办法减少手续费、税金的支出。

所以，很多投资老手都喜欢手续费相对较低的 ETF 或直销型信托投资产品。另外，投资收益不用缴税的 NISA（小额投资非课税制度）也具有很大的价值。

⬧ ETF（交易型开放式指数基金）真的有利吗？

与其他金融产品相比，信托投资的收益回报率并不高。事实上，很多信托投资产品的收益回报率都跑不赢日经平均指数或 TOPIX（东京股价指数）指数。从表面看上去行情很好的信托投资基金，其实大都跑不赢日经平均指数。

注意到这一点的投资者，都把钱投到了与指数联动的 ETF 或成本较低的指数基金。

指数基金也好，ETF 也罢，都是和指数联动的，但 ETF 更接近股票交易，只要在交易所的营业时间内，投资者可以随时买卖自己喜欢的 ETF。而且，ETF 的手续费比指数基金（或其他信托投资产品）还要低。

投资者可以在任何一家证券公司认购 ETF。在网上交易而且交易额达到一定规模的话，ETF 的手续费甚至可以低至 0.1% 以下。除了国内股票型的 ETF 之外，还有组合了债券、海外股票、REIT（房地产信托投资基金）、通货、商品等类型的 ETF。

ETF 的好处主要在于它的信托报酬（受托人承办信托业务所得的佣金）比指数型基金更低。信托报酬是投资者每年都要承担的费用，所以信托报酬较低的话，对长期投资来说就非常有利。

　　但 ETF 也有缺点，就是有些 ETF 的流动性较差。我曾经调查了一只名叫新兴国家债券 ETF 的产品，结果发现它一天的交易金额只有 316 万日元，而且这还是买卖的合计金额。也就是说，如果您持有这只 ETF 200 万日元以上，想卖的话一天都卖不完。而且如果卖单太大，还可能造成它崩盘。

　　顺便说一下，现在网上交易的手续费便宜很多，所以建议大家使用网上交易。

▶ 投资新潮流——人工智能资产管理

近年来，为客户进行投资建议和资产管理的人工智能资产管理方式非常受欢迎。

人工智能资产管理软件首先会向客户提一些问题，再根据客户的回答把握其投资目的和可接受的风险，然后给客户提供指数基金和 ETF 等投资组合。使用人工智能资产管理软件，就省去了理财顾问的介入，所以成本更低。

从大的方面说，人工智能资产管理软件可以分为两类：一类是接受客户的全权委托，帮助客户理财；另一类只为客户提供投资建议。

全权委托型人工智能资产管理软件会帮客户买卖金融产品，并向客户汇报投资结果。

全权委托型人工智能资产管理软件目前主要有 WealthNavi、金钱设计公司 THEO、Monex 证券的 MSV LIFE、乐天证券的乐 Wrap 等。按照投资对象分类的话，WealthNavi 和 THEO 主要投资美国的 ETF，MSV LIFE 主要投资国内外的 ETF，乐 Wrap 主要投资信托投资基金。

再来看看各种人工智能资产管理软件的投资门槛，WealthNavi 和乐 Wrap 为 10 万日元起，THEO 为 1 万日元起，MSV LIFE 为 1000 日元起。它们的年度手续费都在 1% 左右。不过，WealthNavi 和 THEO，如果客户的投资金额很大的话，还可以相应降低手续费。

另外，WealthNavi 还有自动合理避税的功能。它会为客户进行最合理的投资规划，把节省的税金用于再投资。

大受欢迎的人工智能资产管理软件

人工智能资产管理软件和其他金融产品的手续费对比		
人工智能资产管理软件	WealthNavi	WealthNavi	0.5% ~ 1%
	THEO	金钱设计	0.5% ~ 1%
ETF	上市指数世界股票（MSCI ACWI）	日兴 Asset Management	0.27%
	MAXIS 海外股票（MSCI 国际）上市信托投资	三菱 UFJ 国际信托投资	0.27%
指数型信托投资	世界经济指数基金	三井住友 Trust · Asset Management	0.54%
	eMAXIS Slim Balance（8 资产均衡型）	三菱 UFJ 国际信托投资	0.22%
直销信托投资	Commons 30 基金	Commons 信托投资	1.05%
	Saison Vanguard 全球均衡基金	Saison 信托投资	0.68% ± 0.03%

2018 年 3 月

人工智能资产管理软件的分类		
类型 投资对象	全权委托	建议
ETF / 美国上市 海外上市	WealthNavi　8Now! THEO	野村 Goal Base SMART FOLIO fund eye 投信工房
ETF / 东证上市	Monex Wrap　MSV LIFE	
信托投资	Daiwa Fund Wrap　乐 Wrap	

　　另一方面，建议型的人工智能资产管理软件主要有瑞穗银行的SMART FOLIO、野村证券的野村 Goal Base、SMBC 日兴证券的fund eye、松井证券的投信工房等。使用这些人工智能资产管理工具并不需要付费，但这些软件提供的建议主要是信托投资产品，而客户购买信托投资产品需要支付佣金。使用软件免费，但佣金在1%以上，所以，建议型人工智能资产管理软件的手续费并不比全权委托型的低。

　　除此之外，Eight 证券还提供投资美国 ETF 的"8Now！"以及投资国内 ETF 的"Kuroe"。

　　最近，一些人工智能资产管理软件还推出一项新服务，推荐的投资对象不单单是企业，而是一个"主题"。软件会为客户选择时下流行或未来可能有大发展的行业主题，然后自动推荐该主题的优秀企业。比如，FOLIO 就有"无人机""智能汽车""5G"等主题。FOLIO 的投资门槛是 10 万日元起，它给客户建议有前途的主题，而且每个主题准备了 10 家优秀企业以便客户选择。

有关人工智能资产管理软件的新商品和新服务，最近备受媒体关注，新闻中常能见到相关主题。我觉得这种现象的背景是金融与科技的融合。

不过，也有一些关于人工智能资产管理的负面报道。比如，因为市场的急剧变化，让软件的预测出现偏差，造成客户大量流失的情况。而且这种情况在社会上引起了广泛关注，成为人们茶余饭后议论的话题。因为这些因素的影响，个人认为大家对人工智能资产管理软件的评价有失公允。虽然有些软件帮助客户获得了较高的投资回报，但人们说："那是因为整体行情好而已。"

从第 260 页的图表中我们也能看出，**与其他金融产品比，人工智能资产管理软件的手续费要稍高一些**。说到底，不管这种新服务是好是坏，我们不能盲目跟风，也不能盲目排斥，要清楚自己的投资目的和理念，然后才可能选出最适合自己的投资工具。

◈ 当今的时代要求我们把半数资产换成美元?

这几年来，日元兑换美元的汇率行情波动非常大。可能您已经忘记了，2012年秋季的时候，1美元只能兑换80日元。但到2015年，美元兑日元已经突破120日元大关。2017年春天，又跌到了100日元左右，2018年3月，1美元可兑换105日元。

日元可能还有下跌空间。对有钱人来说，可能最担心的就是因为高通胀率，使手中的日元变成废纸。虽然日本当前的通胀率不高，但由于世界整体通胀率的上升，日元的价值已经跌到前些年的三分之二，这也是很可怕的。

即使手中的股票升值了，但如果货币贬值的话，收益也会被抵消。在日元贬值、汇率波动剧烈的今天，把日元换成其他外汇应该是一种不错的防御手段。

举例来说，把手中一半的日元资产兑换成美元资产，就可以降低日元贬值的风险。

在使用资产负债表（B/S）管理个人资产的时候，合理分配日元资产和外汇资产的比例非常重要。

可能大多数日本人的个人资产都是日元资产。对于这样的朋友，出于抵御风险的考虑，我建议大家持有一些外汇资产。

特别是已经买了房子的人，可以说已经持有了足够多的日元资产，所以，再投资股票、债券、REIT 的时候，可以全部选择外汇资产。

话虽如此，也不必把手里的全部资金都买成海外股票、债券，还可以考虑一定比例的外汇存款、MMF（货币市场基金）等。

不过，去银行存取外汇的手续费较高。通常情况下，在银行窗口存 1 美元需要支付 1 日元左右的手续费，取出时还要支付 1 日元。也就是说，存取 1 美元合计需要支付 2% 左右的手续费。

▶ FX（外汇）的高端使用方法

对个人投资者来说，银行的外汇存款手续费有点不划算。所以，投资老手会考虑证券公司的外汇 MMF，因为外汇 MMF 的手续费比外汇存款低一半以上。

MMF 是指货币市场基金，可以看作一种信托投资基金。虽然 MMF 并不保本，但也算是比较安全的储蓄型金融产品（以前曾经发生过因为金融机构出现丑闻，或信用受损，而使购买 MMF 的客户损失本金的情况）。

除了 MMF，FX 也是一种不错的投资产品。

一般来说，专业投资者都会利用杠杆在 FX 投资中搏杀，加了杠杆后，风险就很大了。但如果普通投资者只用"1 倍"杠杆的话，那么 FX 就和储蓄一样安全了。

如果想在 FX 交易中赚钱，那么业余投资者肯定不是专业投资家的对手，但如果把 FX 作为分散投资中的一个项目，或者以追求利息为目的投资 FX 的话，对于业余投资者是可行的。只需要开一个 FX 账户，然后用 1 倍杠杆投资 FX 即可。

买卖 FX 基本上是不需要手续费的，对于利润差（卖价与买价的差额），平均 1 美元需要支付 0.3 日元左右的手续费（不同 FX 公司有不同规定，但大体如此）。

FX 还有一个特征就是"隔夜利息"。举例来说，我们把日元兑换成美元（实际只是买了某个汇率点位），因为美元利息比日元高，所以我们每天都可以得到利息差（反之，如果我们用日元兑换了瑞士法郎，而瑞士法郎的利息比日元低，那我们每天都需要支付利息差）。而且，有些 FX 公司允许客户直接提取外汇，所以这比外汇存款更有优势。

接下来再给大家补充一点外汇知识。

一提到外汇，大家可能更多地联想到美元，当然，美元是外汇的主流，但并不是唯一。真正炒外汇的人，可能会配置不同国家的外汇。但不同外汇的配置比例，就是非常专业的领域了。一个重要标准就是参考国际外汇交易额。

国际清算银行（BIS）每三年会发布一次国际外汇交易额。上一次发布是 2016 年，其中的数据显示，交易额最高的是美元，占九成；第二位是欧元，占三成；第三位是日元，占两成；第四位是英镑，占一成（这是以整体为 200% 来计算的）。

如果换算成以整体为 100% 计算，那么，美元占 45%，欧元占 15%，日元占 10%，英镑占 5%。如果以分散投资为目的持有外汇的话，那么持有各国外汇的比例应该参考上面这个比例。注意，最好还要留出一成来持有那些未来可能走强的外汇。

▶ 借款与"ROE（股本回报率）""ROI（投资回报率）"

借款，在资产负债表（B/S）上要计入负债，可能有些朋友会想：那还是不要借款的好。真是这样吗？

借款到底好不好？不同的人有不同的看法，但我觉得大多数日本人都觉得借款不是好事。

但是对企业来说，借款不一定是坏事。举个简单的例子，软银集团当年就曾巨额举债，通过杠杆并购机构收购了沃达丰。当时，软银集团以3%~4%的利率贷款1兆零800亿日元，收购了沃达丰。对此，软银集团董事长孙正义认为，即使高额贷款，也要收购新事业，因为沃达丰每年可以带来7%的回报。

4%的贷款利率，7%的回报，还有3%的利润，这笔账大家都会算。所以，有实力的企业或个人，发现投资回报率高于贷款利率时，就会果断出手。

如果您已经具有一定的赚钱能力，那么从资产负债表（B/S）的角度来看，就没有必要再拼命存钱。虽说我们的最终目标是不断增加资产负债表（B/S）中的净利润，但如果把存款用于投资，赚取投资收益，不就能更快地积累净资产了吗？

有些日本企业就拥有大量的现金，结果遭到社会各界的批评。因为企业如果能把积累的现金拿出来用于投资，则能创造更大的价值。

下面给大家介绍两个金融术语：ROE（Return On Equity，股本回报率）和 ROI（Return On Investment，投资回报率）。如果一家企业的 ROE 高，就说明它有效使用了股东的股本，并能创造出良好的利润，通俗地讲，就是这家企业的盈利能力强。ROI 高的话，说明企业善于投资，并能获得不错的投资回报，也说明企业的盈利能力强。

如果一家企业的 ROE 和 ROI 都能持续保持较高水平的话，即使当前资产负债表（B/S）中的现金、存款比较少，但随着时间的流逝，因为利润不断增加，企业的现金、存款也会逐渐积累起来。因此，只要能保持较高的 ROE 和 ROI，就没有必要对现在"缺钱"而感到焦虑。

这个概念也可以应用于个人资产管理。**如果一个人拥有一定的赚钱能力，就可以进行各种各样的投资以赚取投资回报**。

顺便介绍一下，个人 ROI 可以分为两个方面：一是为了提高自己的赚钱能力而投入时间和金钱；二是已经具有一定赚钱能力的人，投入时间和金钱直接获得收益。简单地说，就是为提高人力资本的投资和使用人力资本获得收益的投资。

　　另外，即使您拥有很强的赚钱能力，也不能只顾埋头创造利润。因为在日本，当您的收入达到一定水平之后，最高要缴纳 45% 的个人所得税和 10% 的居民税，合计 55% 的税率还是相当吓人的。此时，为了合理避税，尽量保住来之不易的收益，您可以考虑注册公司，以法人的形式赚取利润，而法人税的税率会低很多。

≫ 贷款到底是我们的敌人还是朋友？

日本的存款、贷款利率保持较低水平已经很多年了，被人们称为零利率，甚至负利率的时代。

把钱存在银行里，根本得不到多少利息，这是一般百姓苦恼的事情。但从另一个角度看，从银行贷款的话，付出的利息也很少，这也是一件好事啊。

举例来说，现在日本住房贷款的利率只有 1% 左右，可以说是相当低了。所以，与其租房子住，不如贷款买套房子住，后者可能还更划算一些。

贷款这种行为，使我们有机会动用超过自己所拥有的资产的金钱，可以视为一种杠杆。个人行为也好，企业行为也罢，在主动出击赚取利润的时候，杠杆是不可或缺的，只要控制在自己能承受的风险范围之内就行。

想增加金钱的一个基本理念就是"在不伤及本金的前提下，如何制造更加赚钱的模式"。如果能够不动用现有的资产，还能以低利率借到钱的话，那么不去借钱发展事业或投资，真是一种浪费啊！

我在东南亚工作的时候，曾经为一位华侨大富豪提供过金融服务。

那个时候，亚洲的大富豪都很看好东京的房地产，很多人投资东京的房地产。那位华侨大富豪就委托我帮忙物色一套东京的房子，他打算购买。

虽然很多外国人想买东京的房子，但日本的银行相当保守，对外国人的贷款申请非常谨慎，批准的很少。即使批准了外国人的贷款，利率也会比贷给日本人要高很多。我觉得日本银行的这种保守风格，使他们错过了很多赚钱的机会。

我向那位华侨客户说明了这种情况，并对他说："如果您愿意用现金购买的话，房东很愿意出售。"结果，听了我这句话，华侨客户大发雷霆。

"哪有用现金买房子的道理?! 要动用现金的话，我就用在更赚钱的地方！"

这就是富豪的思维方式，钱是用来生钱的，最好是借钱生钱。

贷款，往坏的地方想，是要支付利息的，但往好的地方想，它可以帮我们生出更多的钱。就像软银集团贷款收购沃达丰的例子，获得的收益远高于贷款的利息。这个时候，贷款就从"敌人"变成了"朋友"。

个人投资理财的过程中，也可以应用这种思维方式。

比如，海外私人银行的一些客户，在投资股票或债券的时候，不会使用手里的现金，而是用现有的股票、债券做抵押进行贷款，再购买股票、债券进行投资。这种看似激进的做法，其实正是有钱人和没钱人的区别。

在一般人看来，"我手里没有剩余的资金，所以没办法进行投资"。但谁说没有现金就不能投资了？

我给大家举个例子，有一个在大企业里工作了多年的上班族，他在银行的信用记录良好。如果他想购买一套价格为 2000 万 ~ 3000 万日元的二手房做投资，那么只需要准备几百万元日元的首付款，其余资金从银行贷款即可。

他的信用，在资产负债表（B/S）中就是一笔无形资产，很多人容易忽视这笔无形资产的存在。在一家大企业里工作多年，这本身就是一笔无形资产。如果这家大企业经营状况良好，或者是名牌企业的话，那这位上班族的融资条件就更好了。

如果您想买一台最新的笔记本电脑，手头的钱不够，那您是等攒够了钱再买呢，还是贷款买呢？当然是贷款买更合适。虽然偿还贷款的本息总额要比一次性付款高，但您提前用上了电脑，用这台电脑没准能创造出更多的价值。如果等攒够了钱再买，那攒钱的这段时间，说不定会错过很多机会，这就是机会成本。而且等攒够了钱，可能那台电脑已经过时了。

我们要养成一种思维习惯，当您准备一次性付款购买某种商品的时候，想一想这样做会不会错过什么机会。这一点很重要。

总而言之，如果您真想赚更多钱的话，不管现在您手头有钱还是没钱，首先都应该考虑在自己可以接受的风险范围之内进行贷款，然后用钱来生钱。

◈ 最强的投资方法竟然是提前还贷？

前面讲了借钱生钱的好处，但因为大家从心理上都不希望自己的资产负债表（B/S）中负债越来越多，所以下面我就讲一个和借钱完全相反的例子。

在某些情况下，投资股票等金融产品，还不如提前还贷获得的收益高。

理论很简单，每还一部分贷款，剩余的贷款金额就减少一部分，利息也跟着减少一部分。也就是说，这和投资那些有可能赔钱的金融产品不同，提前还贷款是可以获得实际回报的（当然，如果您有更有效的、回报率更高的投资方法，那就另当别论了）。

我们以住房贷款为例进行讲解。

假设您以年利率 1.5% 贷款 3000 万日元。我们简化计算一下，您 1 年要偿还 45 万日元的利息，10 年就是 450 万日元。如果贷款期是 35 年，35 年后一次性还清的话，那么总共就需要支付 1575 万日元的利息。

但是，如果您定期提前还贷的话，那么您就可以少还不少利息。少还的利息就相当于收益。

如果您能找到投资回报率比贷款利息更高的金融产品，那当然很好，但您一定要记住，投资金融产品并不是零风险的。从这一点上看，还是提前还贷更保险，收益还可能更好。

假设，您以固定年利率1.5%贷款3000万日元买了一套房子，您以等本等息的还款方式每月还款。这时，您手里还有100万日元的现金，您想用这笔钱进行投资。

如果您想获得每年4%的回报，那么用这100万日元购买信托投资基金的话，需要持有10年才能获得40万日元的回报。

但是，如果把这100万日元用于提前还贷，又会是什么样的结果呢？如果没有提前还贷的话，按照等本等息还款方式，3000万日元的房贷在35年间总共需要偿还3857万9100日元。35年间的利息负担是857万9100日元。假设您在5年后用这100万日元提前还贷，那么35年间的总偿还金额就是3805万5635日元。

两者的差额是52万3465日元。仅仅是提前还贷100万日元，就可以减少大约52万日元的支出。

当然，贷款利率不同，提前还贷的省钱效果也不一样。但总的来说，在偿还房贷的时候，应该尽量减少剩余本息。可以说，这是最强的投资方法。

要计算提前还贷的效果，需要非常复杂的计算。幸好网上可以找到很多房贷模拟软件，大大减少了我们计算的难度。找到房贷模拟器，只要输入提前还贷的时间、金额，就可以计算出您想要的数字。

结果您会发现，提前还贷真的可以帮我们节省很多钱，也可以说让我们收益很多钱。

提前还贷比投资的收益更高

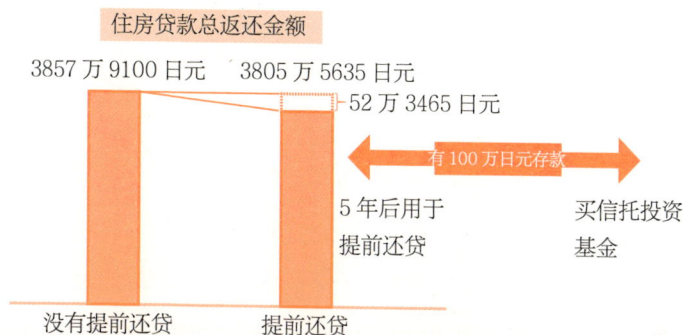

住房贷款总返还金额

3857 万 9100 日元　　3805 万 5635 日元

—52 万 3465 日元

有 100 万日元存款

5 年后用于
提前还贷

买信托投资
基金

没有提前还贷　　　　提前还贷

> 提前还贷的话，仅仅提前还了 100 万日元，就减少了 52 万日元的支出

在当前日本社会中，能够保证年回报率在 1% ~ 2% 的金融产品可谓凤毛麟角，这个回报率已经算相当高了。而且，投资的时候，取得的收益部分还要缴纳 20.315% 的税金。但对房贷来说，提前还贷时，减少的本金、利息都不需要纳税。这也是提前还贷优于投资的一个好处。

另外，对于个人租房贷款，日本还有一个税收优惠政策——贷款余额的 1% 可以抵扣个人所得税，而且可以连续 10 年抵扣。

后记

如果把人生比作一辆汽车，那么要前进的话，就离不开汽油——金钱。而赚钱也是一种能力，我希望有更多的人把掌握这种能力当作梦想或目标去努力，为此，我在 2013 年创立了一个金融媒体"ZUU online"。

现在，我们"ZUU online"网站每个月的访问量超过了 400 万次。其中有不少访客是被我们提供的金融信息、市场信息吸引来的，但我们的目标是建设一个"解决问题型的金融网站"，目的是为广大朋友解决有关金钱的问题。

根据我们对网站访客的观察，深切感受到如今广大网友不管是行动还是思想，都比以前有了深刻的变化。众筹、民宿、共享汽车、奢侈品租借、技术共享等新名词不断涌现，它们都是产生金钱的方法。也就是说，对现代人来说，赚钱的方法越来越多，只要肯开动脑筋，就可以获得更多经济上的收益。

同样，如今花钱买时间的渠道也骤然增多，人们工作、生活的模式也在发生深刻转变。

举例来说，在如今的日本，女性进入社会工作的比例越来越高，这已经是一个不可否认的潮流。在本书中我曾提到过，家政服务、送餐服务等外包服务越来越方便，家庭主妇只要支付一定费用，就可以把自己从家务劳动中解放出来。而解放出来的时间，可以去工作赚钱，也可以用于育儿或自己的兴趣爱好。

说到"工作生活的平衡"，在以前主要指减少工作时间，多为家庭生活投入一些时间。而如今，人们对"工作生活的平衡"已经有了新的认识。大家认为，工作赚取的收入可以用来购买宝贵的时间，购买的时间可以用来充实生活，也可以用来赚取更多的收入。这种良性循环，注定成为未来的主流。

尽量花更多的时间在工作上，才能有更多的时间用来充实生活。这看上去是个自相矛盾的命题，但在当前的社会巨变中，是一个无比正确的解决方案。

人生在世不过100年，在当今的巨变中您是准备踏浪弄潮，乘着波浪一路向前呢？还是打算随波逐流，浮沉全听天命呢？抑或远离时代浪潮，做个旁观者呢？不同的选择，将极大地影响您未来"赚钱"的能力。

在这本书中，我希望告诉更多的朋友"原来还有这么多种赚钱方法"，所以"您要不要尝试一下？"我扮演的是一个信息提供者和事业助推者的角色。今后，我会依然秉承这个宗旨，为帮助更多朋友掌握赚钱的能力，我将不仅限于金融媒体的事业，还将从更多领域和事业出发，为大家提供更多更好的服务。

富田和成

Daily Schedule

DATE/TIME	CHECK LIST
AM	☐
7	☐
8	☐
9	☐
10	☐
11	☐
12	☐
	☐
PM	MEMO
1	
2	
3	
4	
5	
6	
7	
8	
9	

Daily Schedule

DATE/TIME	CHECK LIST
AM	☐
7	☐
8	☐
9	☐
10	☐
11	☐
12	☐
	☐

PM	MEMO
1	
2	
3	
4	
5	
6	
7	
8	
9	

Daily Schedule

DATE/TIME	CHECK LIST

AM   ☐

7   ☐

8   ☐

9   ☐

10   ☐

11   ☐

12   ☐

    ☐

PM   MEMO

1

2

3

4

5

6

7

8

9

Daily Schedule

DATE/TIME	CHECK LIST
AM	☐
7	☐
8	☐
9	☐
10	☐
11	☐
12	☐
	☐

MEMO

PM

1

2

3

4

5

6

7

8

9

Daily Schedule

DATE/TIME	CHECK LIST

AM

7   ☐

8   ☐

9   ☐

10   ☐

11   ☐

12   ☐

☐

PM   MEMO

1

2

3

4

5

6

7

8

9

Daily Schedule

DATE/TIME	CHECK LIST

AM ☐

7 ☐

8 ☐

9 ☐

10 ☐

11 ☐

12 ☐

☐

PM | MEMO

1

2

3

4

5

6

7

8

9

KASEGU HITO GA JISSEN SHITEIRU OKANE NO PDCA
© Kazumasa Tomita 2018
First published in Japan in 2018 by KADOKAWA CORPORATION, Tokyo.
Simplified Chinese translation rights arranged with KADOKAWA CORPORATION,
Tokyo through JAPAN UNI AGENCY, INC., Tokyo.

著作权合同登记号：图字 18-2019-126

图书在版编目（CIP）数据

为什么精英可以快速积累财富 /（日）富田和成著；
郭勇译 . -- 长沙：湖南文艺出版社，2019.12
　　ISBN 978-7-5404-9474-2

　　Ⅰ.①为… Ⅱ.①富… ②郭… Ⅲ.①目标管理—通
俗读物 Ⅳ.①C931.2-49

中国版本图书馆 CIP 数据核字（2019）第 229659 号

上架建议：商业·成功励志

WEI SHENME JINGYING KEYI KUAISU JILEI CAIFU
为什么精英可以快速积累财富

作　　者：［日］富田和成
译　　者：郭　勇
出 版 人：曾赛丰
责任编辑：薛　健　刘诗哲
监　　制：蔡明菲　邢越超
策划编辑：李彩萍
特约编辑：李美怡
版权支持：金　哲
营销支持：傅婷婷　文刀刀　周　茜
装帧设计：刘红刚
出　　版：湖南文艺出版社
　　　　　（长沙市雨花区东二环一段 508 号　邮编：410014）
网　　址：www.hnwy.net
印　　刷：三河市中晟雅豪印务有限公司
经　　销：新华书店
开　　本：880mm×1200mm　1/32
字　　数：178 千字
印　　张：9.5
版　　次：2019 年 12 月第 1 版
印　　次：2019 年 12 月第 1 次印刷
书　　号：ISBN 978-7-5404-9474-2
定　　价：48.00 元

若有质量问题，请致电质量监督电话：010-59096394
团购电话：010-59320018